U0157739

布鲁诺 探索天文学

②布鲁诺和光

[智利] 罗德里戈 著

[智利] 卡罗利娜 绘

曹世豪 译

中国民族文化出版社
北京

版权所有 侵权必究

图书在版编目（CIP）数据

布鲁诺探索天文学 . 2, 布鲁诺和光 /（智）罗德里戈著；曹世豪译 . -- 北京：中国民族文化出版社有限公司 , 2022.1

ISBN 978-7-5122-1405-7

Ⅰ . ①布… Ⅱ . ①罗… ②曹… Ⅲ . ①天文学 - 青少年读物 Ⅳ . ① P1-49

中国版本图书馆 CIP 数据核字 (2020) 第 182780 号

BRUNO Y LA LUZ

First edition: November 2019

© 2019, Rodrigo Contreras Ramos y Carolina Undurraga

© 2019, Penguin Random House Grupo Editorial, S.A.

Merced 280, piso 6, Santiago de Chile

The simplified Chinese translation rights arranged through Rightol Media

本书中文简体版权经由锐拓传媒旗下小锐 (Emaill:copyright@rightol.com) 授权中国民族文化出版社有限公司独家出版。

著作权合同登记号：图字 01-2020-5814

书　　名：布鲁诺探索天文学：2. 布鲁诺和光

作　　者：[智利] 罗德里戈

插　　画：[智利] 卡罗利娜

翻　　译：曹世豪

策　　划：张晓萍

责任编辑：江　泉

装帧设计：姚　宇

责任校对：李文学

出　　版：中国民族文化出版社

地　　址：北京市东城区和平里北街 14 号（100013）

发　　行：010-64211754 84250639

印　　刷：小森印刷（北京）有限公司

开　　本：880mm×1230mm　1/32

印　　张：9.25

字　　数：200 千

版　　次：2022 年 1 月第 1 版第 1 次印刷

标准书号：ISBN 978-7-5122-1405-7

定　　价：89.00 元（全 2 册）

罗德里戈·孔特雷拉斯·拉莫斯和卡罗利娜·温杜拉加是布鲁诺系列的创作者。

罗德里戈是一位土木工程师，天主教大学天文学硕士，博洛尼亚大学天文学博士。他作为洛亚诺天文台的讲解员，开展了自己的科学传播事业。目前是智利千年天体物理学研究所（MAS）的研究员。同时，他在由 ObservaMAS 项目牵头创办的创意协会里也是很活跃的一员。他最近开通了 Instagram 账户 @pildorasdeastro，以一种简单而有趣的方式使人们走近天文学。

卡罗利娜曾在天主教大学学习艺术、教育以及建筑学，并获得了研究生学位。她热衷于音乐、歌曲、舞蹈和艺术。在这近二十年的时间里，一直从事艺术绘画和插画项目的教学和实践。她曾参与儿童读物的创作，其中包括历史建筑学，以及你现在所读到的天文学。

如果您对本书有意见或建议，请联系：

作者邮箱 brunoyeluniverso@gmail.com

编辑邮箱 1505893160@qq.com

谨以此书献给我们的家人，感谢他们每天都在照亮我们的宇宙。

光，给我们带来宇宙的信息。

——英国物理学家、化学家威廉·亨利·布拉格

前　言

　　大家期待已久的《布鲁诺和光》是成名作品《布鲁诺和宇宙大爆炸》的续作。读这本书将激发大家对天文学极大的兴趣和热情，点燃好奇、探索和研究的火种。毫无疑问，这颗火种也将在孩子们的心中燃起一团永不熄灭的火焰，伴随他们的一生。

　　这本书最突出的特点是它语言风趣，适合各个年龄段人群阅读。通过这些特点，这本书向我们展示了作者们出色的合作成果。它并非只是一本引用了大量数据的书，它还教给我们如何提出问题、如何思考以及如何调查和研究。这个写作项目不仅仅为我国小学教育添了砖、加了瓦，还激发了孩子们的想象力，这才是留给新生代的最有价值的东西。

　　这本书所涵盖的主题也是非常丰富的，内容也都是和光的主要理论相关的。光是我们天文学家的研究对象，对我们来说，这些光学理论也是非常重要的。虽然我们只能被束缚在这个星球上，光却能让我们研究、理解和想象整个宇宙。书中所呈现的人物非常有趣，他们先提出问题，然后在不知不觉中回答天文学各个方面的知识。

　　除了这些，我还要说：能够给大家介绍这本书对我来说是个巨大的荣幸。这本书由我的同事，同时也是朋友的罗德里戈·孔特雷拉斯·拉莫斯（天文学家）和卡罗利娜·温杜拉加（艺术家、插画家）所作，两位作者的创作动力都来自普及那些激动人心的宇宙发现的渴望。也正因如此他们发起了这个很有特色的写作项目，以此来激发、收获孩子们的热情。

很明显，这并非商业活动，而是一项教育事业，罗德里戈对天文学知识严谨的态度和深层次的掌握为这项工作提供了保障。作为顶尖的研究人员，他取得过重要的天体物理学成就，其中就包括发现了我们银河系中成千上万、各种各样的星星。

作品中无可挑剔的插图设计要归功于卡罗利娜对细节的关注，这些插图巧妙地补充了文字内容，两者相得益彰，这些没有滥用很华丽色彩的人物形象非常吸引孩子们，以这种多维的角度来阐释科学道理，大大地降低了理解难度。

那些给孩子读这本书的爸爸妈妈们将会看到孩子炯炯有神的大眼睛里充满了好奇和对发现的喜悦，这无疑是在帮助他们打开心灵世界的大门，积累知识。那些年龄稍大一点可以自己阅读的孩子们会发现这本引人入胜的书将开拓他们的思维，激励他们用一种独特又符合逻辑的方式进行推理。《布鲁诺和光》是一本有趣且与众不同的小说，它能帮助孩子们在很小的年纪就形成开阔的视野。

祝愿每一位小读者都能在这次天文学之旅中感受到乐趣，同时希望你们享受这次和布鲁诺以及他的朋友们共同探索宇宙的旅行。

但丁·明尼迪
天文学家、安德烈斯贝洛国立大学博士生导师

人物介绍

布鲁诺

8岁，既调皮又充满好奇心。有一副可以看到原子的神奇的眼镜。

鲍伊

布鲁诺的宠物，伪装专家。

塞西莉亚

布鲁诺的小妹妹，聪明伶俐。

凯妮塔

布鲁诺的曾祖母，摩登老太太的代表。

氢一点儿

宇宙大爆炸中诞生的氢原子,
对宇宙的历史了如指掌.

金毛儿氧

氧原子,和氢一点儿住在一起.

水分子 H_2O

水分子

2 个氢原子 +1 个氧原子形成了这个住在
布鲁诺杯子里的水分子.

来自星星的眼镜

来自星星的礼物,用它可以看到原子.
只要戴上这副眼镜,就能看到这些微
小的事物,并与它们对话.

目录

第一章
送给"小赖皮"的礼物

"布鲁诺——,塞西莉亚——,去帮爸爸把圣诞节的小饰品取出来。"

妈妈的吼叫是我这一年中最习以为常的事了。我知道,没人喜欢别人像部队里的长官训斥士兵一样对他大喊大叫。但这显然是我和我妹妹的错,她说妈妈一开始叫我们的时候是很温柔的,在叫了几十次我们都没搭理她之后,她就开始像人猿泰山一样吼叫起来。不管怎么样,既然是让我去帮忙取圣诞节的饰品——那就任由她吼好了!

一周前的口香糖

跑伊

1

这个命令被称为"圣克劳斯长官的召唤"，这是唯一一个我们会严格服从、不会装聋作哑的命令。我们执行的时候还都兴高采烈的，全世界都能看到我们的满面春光。

布鲁诺总说我的牙是用炸药刷出来的！

译者注：在某些国家，人们也将圣诞老人称为 Santa Claus，即圣克劳斯。

圣诞节是我最喜欢的节日（还有我的生日和学期末）。在这天晚上，我们会被允许熬夜，还能收到礼物。整个家里挂满了彩灯，还会有一顿极其美味的早餐：有加了香肠的煎蛋，还有精心烤制的饼干，就像这些：

去年过圣诞节时
设计的饼干

在圣诞节准备期间，我们有一个神圣的习俗。十二月的第一个星期六，我妈妈会把我爸爸、我妹妹塞西莉亚、鲍伊还有我排成一队，分配给我们两个开心的任务（没错！真的有能让人开心的任务）：第一个任务是装饰房子；第二个任务是尝尝她做的圣诞节饼干，这些饼干我们可能要吃整整一个月呢。吧唧吧唧！

因为每年家里可供我们装饰的地方变得越来越多，因此第一项任务变得越来越酷了。比如：我现在是"洗手间官方设计师"。本来洗手间并不是一个用来庆祝圣诞节的地方，但是因为我执意要装饰它，他们就索性给了我满满一箱子彩灯，还有很多迷你圣诞老人玩偶。

"你自己看着办吧。"妈妈对我说，"你要是愿意的话，把马桶从上到下都挂上彩灯都没问题！"

"嘿嘿！这么多忍者圣诞老人！"我心里偷着乐。

说干就干！洗手间就被我装饰成这样了：

忍者圣诞老人

你们猜猜，当我和塞西莉亚忙得不可开交的时候，鲍伊在干什么？这个大坏蛋为了不来给我们帮忙，把自己藏在那些小精灵玩偶中间伪装了起来，每年都是这样！

装饰洗手间是一项非常有趣的工作，因为我可以把洗手池灌满水在里面玩我的乐高飞船——这可是被严令禁止的！因为水总是溢出来，从洗手间一直淹到厨房。

但是说实在的，我最喜欢的还是第二个任务，因为你唯一需要做的就是张开嘴去品尝。

我妈妈的饼干是根据凯妮塔（我妈妈的妈妈，也就是我的曾祖母）的千年祖传秘方做的。对我来说，这些饼干的口感简直绝了！鲍伊虽然也很喜欢，但是对它而言，苍蝇香脆的口感和味道是无与伦比的！吧唧吧唧！

就这样，我妈妈做着诱人的饼干，而我们则满心欢喜地装饰着整个房子，嘴里还塞满了食物。

我记得去年圣诞节，我爸爸疯了一般指挥着我们干活。任何一个看了那个场面的人都会说：他就像是世界杯决赛最后五分钟时的智利国家队主教练一样。

"布鲁诺！把厨房的板凳搬来，我得站得高点儿！把那个垃圾桶搬出来，它都放在这里多少年了！我越来越讨厌这个垃圾桶了，我一定要换个塑料的！"

　　"塞西莉亚！剪刀在哪儿？" "布鲁诺！你去哪儿了？" "你捣鼓我的手机干什么呀？" "孩子！专心点儿！把垃圾桶固定好了！我现在要下去了，快点儿！"

　　"塞西莉亚，拖着圣诞树，小心点儿，把它挪到客厅！"

　　我只记得，在这之后，我妈妈冲进来，表情狰狞地喊道："孩子们，地震了吗？都躲到桌子下面去！"

　　我爸爸当时正在客厅的另一头，一边挠着自己的头发一边看着塞西莉亚。塞西莉亚兴高采烈地拖着圣诞树还有所有被树枝缠上的东西——桌子、椅子还有台灯。

　　就连鲍伊都没有从这场"塞西莉亚海啸"中幸免：它被困在树枝和金色的花环中间，被塞西莉亚拖着走过了整个房子。

　　鲍伊一边挥着爪子呼救，一边试图从五颜六色的饰品中探出脑袋来呼吸。幸运的是，我爸爸告诉她，她得"小心翼翼"地挪开鲍伊。

与此同时，氢一点儿和金毛儿氧，我的两位从我们认识时就一直住在那个水杯里的原子朋友，从客厅角落探出了头，这也是它们第一次看到这么热闹的场面。

我一直都没机会向氢一点儿和金毛儿氧介绍我的家人。尽管我一直在找合适的机会给我的家人讲讲关于它们的事，但是我都放弃了，因为我敢肯定他们一定会觉得我疯了。我的朋友是原子，它们来自遥远的宇宙，而且只能用那副神奇的眼镜看到它们，更夸张的是这副眼镜还是星星送给我的——告诉他们这些可不是个好主意。但是，我一定会找到一个合适的机会告诉大家这一切的。

可问题是我不能再等下去了，因为我妈妈在注意到我手里整天端着个杯子之后就渐渐开始担心我了。也因此，她已经有让我接受糖尿病测试的想法了。但是幸运的是，情况还是在可控范围内的，因为我说服了她，让她相信是这十二月地狱般的高温让我比沙漠中的骆驼还渴。

但这也是事实，这几天我们仿佛住在烤箱里一样。天气太热了，以至于凯妮塔说母鸡差一点儿就要下出煎好的鸡蛋了。

译者注：1. 糖尿病早期最为明显的症状为"三多一少"，即多饮、多尿、多食和体重减少。因为布鲁诺每天都拿着杯子，他的妈妈以为他出现了"多饮"这一糖尿病的症状。
　　　　2. 因地理位置不同，南半球与北半球季节相反，智利的夏季为 12 月到 2 月。

我已经对我自己承诺过，这个圣诞节一定要过得很不一样。不是因为我表现得特别特别好会收到很多礼物，而是因为我已经在心里打好小算盘儿了。鲍伊、塞西莉亚、氢一点儿、金毛儿氧还有我，我们要一起等圣诞老人的到来，还要向他问好——不管付出什么代价。我的打算是：清清楚楚地看一看他是怎么背着红色的包袱来到我家里，还要和他自拍一张合影。今年我一定可以做到的，不管我妈妈是不是还会用每年圣诞节都相同的故事来忽悠我：

"孩子们，快去睡觉吧，已经很晚了！别担心，等圣诞老人来家里的时候我会告诉你们的。"

每次的结局都是：她不小心睡着了！而且每次我们醒来的时候都已经是第二天早上了，礼物被挂在了圣诞树上，连圣诞老人的影子都没看见。我已经受够了这种事情，所以这次我决定一直待在客厅里醒着等他，就算是起重机来了也别想把我挪动一步。

激起我这个想法的还有另一个很重要的原因。我有一个很坏的同学，他总是喜欢搞各种恶作剧，还非常喜欢和人打架。他叫阿曼多·格尔拉，他太坏了，有一次他甚至把一位老爷爷的假牙装到了他家猫的嘴里。这个小动物带着两排假牙疯了似的上蹿下跳，而这位绝望的老爷爷甚至连菜汤都没法吃了。真的太可怜了！

译者注：阿曼多·格尔拉这一名字西班牙语原文为 Armando Guerra，该名字含义为武装、战争。

阿曼多·格尔拉，大家都叫他"小赖皮"

阿曼多是在南部出生的，一年级的时候转到我们学校。我到现在都记得他来学校第一天发生的事：放牛！那头奶牛原本一直待在学校旁边一块荒地上。我觉得那是因为他想念他在乡下的生活了吧。可是重点是，他吼叫着把这头牛赶到了二楼，还把它赶进了教室里。

　　就在大家慌忙逃跑的时候，这头可怜的奶牛被激怒了，在桌椅中间跳来跳去，还踩在那些掉在地上的笔记本上。但是还没完呢！因为太害怕了，它在我们的本子上留下了一座"雕塑"作为纪念。我想：还好牛只吃草。

这可闯了大祸了！校长不但把阿曼多带到了办公室，甚至还得向消防员求救。因为对奶牛来说爬上楼梯容易，想爬下去可要难得多了！你根本想象不到消防员们为了把奶牛从学校里救出来费了多大的劲儿。而且，人们还不得不把它带到了一片牧场上，好让它放松下来。从那天起，我们就开始把阿曼达叫作"小·赖皮"。

好吧，其实我和小·赖皮之间的矛盾不是因奶牛而起的，而是因为他总是说圣诞老人是不存在的，这所有的一切都是爸爸妈妈们编出来的，还说小·孩子们一年中表现得好不好都无所谓，因为不管怎么样都能收到礼物。也许他说的最后一点确实有道理，因为我表现得并不是特别好，我妈妈还总是威胁我说她要打电话到北极，把我做的坏事都告诉圣诞老人，但是我还是能收到礼物。可是我就是受不了小·赖皮总是讲这些胡话，怀疑圣诞老人的存在。在我的记忆中，我好像看到过很多次圣诞老人乘着雪橇飞行，但我从来没有近距离地见到过。可是，我确信小·赖皮是错的，而且我还要向他证明这一点。

到了24号晚上已经万事俱备了，我们已经准备好了随时执行"圣诞老人自拍"计划。我妈妈借给我了一个旧的胶片相机，我也感觉自己很在状态，因为我已经练习熬夜很久了，我一定可以抵制住自己的睡意的。

和每年一样，在吃过圣诞晚餐之后我们和爸爸妈妈道了晚安，但是这次有点不同，我们没有上床睡觉，而是藏在了客厅里。我们采纳了金毛儿氧的建议，藏在了几个上面绣着雪猴的靠枕后面，以免被别人发现。因为白天干了很多活儿，大家都感觉有点累了，所以我在眼皮上贴了张胶带，以防我太困不由自主地闭上眼。

但是这些靠枕太软和了，悬挂在圣诞树上的彩灯的光线也很柔和——它们就是打乱我们计划的最好的安眠药。连十分钟都不到，我们五个就像熊一样打起了呼噜。

"圣诞快乐！"大概上午八点的时候我听到有人在喊，阳光照在我的脸上。

我睁大了眼睛，每年都发生的场景又出现在了我的面前：圣诞树上挂满了礼物，连圣诞老人的影子都没看见。很快，我妈妈来了，坐在圣诞树旁边，开始分发礼物。第一件是给塞西莉亚的。

译者注：雪猴，也称日本猕猴。每到冬天来临时，日本猕猴的身上就经常会披满白雪，因此这种猴子被人们称为"雪猴"。

"我心心念念的溜冰鞋啊！"她三下五除二地撕开了礼物的包装纸，碎纸散了一地，她开心极了，张着没有门牙的小嘴这么惊叹着。

接下来轮到鲍伊了，鲍伊变装成了圣诞树的样子来收它的礼物。它的礼物是一个袋子，里面装着一千克不同口味令人作呕的苍蝇，有糖果味的、胡椒味的、辣椒味的……还有其他口味的，都是它喜欢的。

我注意到那里还有一个长方形的礼物，用红绿相间的纸包裹着。那是所有礼物中最大的一个，我猜那就是给我的礼物。

"还有这个……给小布鲁诺的！"我妈妈满脸笑意地说。

我接过礼物才发现这个箱子特别重。我拍了拍这个箱子，还把耳朵凑上去听了听。它这么大，不可能是 PS 游戏机，也许是整整一箱子游戏光盘！

难道是一只宠物？我继续猜。我知道，我妈妈觉得鲍伊很丑、还有点儿脏，所以这很有可能是我们家的新宠物。我猜她肯定是委托圣诞老人送一只和我们邻居家养的一样的毛茸茸的小狗。但是我马上就把这个可能性给否决了，因为如果它是一只小狗，被装在箱子里这么长时间，肯定会因为窒息死掉了。

难道是一辆还没组装的自行车？一架又长又窄的雪橇？还是一个放进水里就能自动充气的皮划艇？"我的天呐，千万别是一副巨大的多米诺骨牌啊！"我懊恼地想着，"我很肯定我在信中写过我不想要任何桌面游戏了。"

我先拆开一个角，然后是另一个……那是个白色的箱子，上面画着星星的图案，在箱子底部写着：200倍放大。

终于，一个外观很奇特的工具出现在我眼前，它很长，还装着镜片儿。

"一把来福枪！"我喊着，兴奋极了。实际上，它长得很像海盗们用的望远镜，只不过看起来更加现代化。

"天文望远镜，"我看到盒子上这么写着，就想，"谁会想要这种东西啊！"我爸爸妈妈继续分发着礼物，我有点儿失望地坐在了扶手椅上。我要这个望远镜有什么用呢？

我正看着望远镜的说明书，这时鲍伊突然抓住我的头让我看地板。我伸手捡起一张方形的彩纸。我仔细地看了看，然后瞪大了眼睛，是一张照片，一张值得炫耀一个世纪的照片！

尽管我对我的礼物并不是很满意，但是至少我得到了这件可以给小·赖皮看的东西：能证明圣诞老人确实存在的确凿证据。

第二章
时光机

　　我要一架望远镜干什么呀？用来看天空中那些长得一模一样的斑点吗？那还不如给我买一张黑色的卡纸，在上面画些小白点儿，把它贴在我屋子的天花板上——对我来说这两种情况没什么区别。唉——我不明白他们为什么不送我一个一般小孩儿都喜欢的礼物呢？

　　氢一点儿正在杯子里游泳，突然提高了嗓门：

　　"布鲁诺，你可以用它来看彗星啊！不要怀疑你手中的望远镜的价值，它可是人们发明用来探索宇宙最好的工具。你这件'无趣'的礼物可以说就是一架时光机呀！"

"时光机？"我一边重复了一遍氢一点儿说的话向它确认，一边戴上了那副神奇的来自星星的眼镜。我敢肯定氢一点儿一定是脑子坏掉了。这么小的一个玩意儿怎么可能是时光机呢？它连一只小老鼠都装不下，怎么可能坐着它回到过去甚至穿梭到未来呢？它的控制台在哪儿？宇航服呢？

　　"氢一点儿。"我这么说，仿佛我是它的心理医生，"很抱歉地告诉你，你这次是真的完完全全弄错了。坐在这个玩意儿上，我们哪儿都去不了。"

　　"去哪儿？谁说要坐着它去旅行了？"它向我解释，"你该不会觉得它是让你坐在上面，按下某个神奇的按钮，然后就会出现在满是恐龙时代的工具吧？那你是不是还以为，你只要再按一次，你就会出现在满是会飞的汽车的世界？你真的这么觉得吗？不不不，当然不是，这些场景只会出现在科幻电影里。"

布鲁诺想乘时光机去的地方

乔尔丹诺·布鲁诺 1600 年

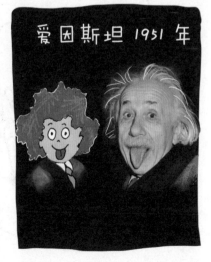

"布鲁诺，我想告诉你的是：通过这架望远镜，你不仅能观察到那些用肉眼无法分辨的星星和其他的星体，还能看到它们过去是怎么样的。这可是很神奇的！你要是不喜欢，那就把它给我吧。" 它说着把它那跳蚤一般小的手伸了出来。

氢一点儿的话着实令我惊讶。看起来这么普通的一个东西居然被它描述得这么神奇，但是，我连半个字都不相信。

我想，既然它可以看到那些东西在过去是怎么样的，那我就一定得试一试了，立刻！马上！我曾祖母凯妮塔一定能帮上大忙的。如果氢一点儿说的是真的，那我就可以通过这副望远镜看到她还是小孩儿的时候是怎么样的！她扎辫子吗？她平时总是拄着拐杖，那她跳绳子时是什么样子？我太好奇了，于是就拿起望远镜，聚焦在正在吃馅饼的凯妮塔身上。

"我觉得……"我嘟囔着，"我没有看到她小时候是怎么样的。相反的，她看起来更老了，还骨瘦如柴的。一样的皱纹、一样的拐杖、连她的白头发都还是一模一样的！只不过她看起来更小了，而且是上下颠倒着的。氢一点儿，我想说，这个玩意儿确实是个时光机……但是，是你做梦梦到的时光机。"

这时候，鲍伊拍了拍这个望远镜，又把它转了一百八十度。接着它开始变装，模仿出了印章的样子。

　　"鲍伊！别在这瞎捣乱！"我有点儿生气，朝它喊。但是也多亏了它，我发现，如果把望远镜颠倒过来看的话，事物就会变得又远又小，而不是又近又大了。但是，不管怎么看，它还是没办法让我看到过去发生的事。

　　"哈哈哈哈……"从杯子里传来一阵笑声。"真是个天真的孩子啊。"氢一点儿说，"别做梦了，你是不可能看到孩提时代的凯妮塔的，因为你离她太近了。你要是想看到过去发生的事儿，就得把望远镜对准非常非常远的物体。但是现在我们先从别的话题入手：那次我们看到了小赖皮在解剖一只蚯蚓。那你有没有想过，我们是如何看到这个残忍的场景的呢？"

　　"很明显嘛，用我的眼睛啊。"我立刻回答它。

　　"唉，孩子，我不是这个意思。我想问的是，你知不知道我们是怎么看到那些事物的，我们是如何看到物体的。咱们现在去你的房间，我给你详细地解释一下。

我觉得氢一点儿的提议棒极了，所以我就偷偷地拿了我妈妈藏在菜谱里的钥匙，去厨房拿了一袋爆米花。然后跑着上楼，鲍伊伪装成一罐饮料的样子在后面跟着我。"

爆米花

一到我的房间，氢一点儿就让我把屋子里的窗帘都拉上，让屋子处于完全黑暗的状态。

"你看到什么了吗？"它问我。

"我现在的眼神儿比有老花眼的凯妮塔还要差！"我这么回答道。

"好了，现在把灯打开。"

"遵命！"我回答道，同时像个士兵一样向它敬了个礼。

"现在你已经知道答案了吧。"氢一点儿说，"你大概已经明白了，我们的眼睛看到物体的过程是很简单的。当我们把灯关掉的时候，我们什么都看不到，因为你的房间是不会发光的。而当你打开开关，光线从灯泡中发出、传播，在物体上反射之后，光会再次在物体间传播，当它传播到你身上时，你的眼睛会接收到刺激，向大脑发出信号，大脑再对这些信号进行处理，将它还原成图像。太简单了！简直就像一加一等于二一样简单。"

光线在鲍伊身上反射之后进了布鲁诺的眼睛

今夜的星星是如此特别……

"简单吗？但是我觉得你给我解释的东西比长着耳朵的蛇还奇怪。"我一边回答它，一边顺手抓了一把爆米花，"我觉得，我一打开灯，光线立刻就进了我的眼睛。"

"布鲁诺，那只不过是假象而已。事实可是并非如此呀。光的传播速度非常快，以至于你觉得它瞬间就进了你的眼睛，这是因为我们和物体的距离太近了。其实，光的速度非常非常快，它一秒钟就可以传播——三十万千米！"

"三十万千米！"我重复了一遍，"三十万千米是非常远？还是超级远？"

"你是不是会打响指？"氢一点儿用羡慕的眼光看着我。

"当然会啦！你看！我在夏令营里学的。"叭！！

"你可能不相信。但是，就一个响指的功夫，光就可以绕着我们的地球跑一圈儿。"

"不可能吧！你是不是在开玩笑？我的天呐！比法拉利的速度还快！"

"我是认真的，布鲁诺。光的传播速度极其快，快到我们根本注意不到它在空间中传播。但是当我们观察那些离我们很远的事物时，一切就会变得非常有趣了。比如：想象一下你拿着一个手电筒，照向月球。你觉得这束光线需要多久才能到达那里呢？

我开始掰着指头数，然后回答它：

"可是我只有十根手指啊！哎，我不知道,可能得好几天吧。"

一束光只需要一秒钟的时间就能到达月球

乘坐普通的飞机,
布鲁诺大约需要 16 天才能到达月球

"只需要大约一秒钟多一点儿！"它回答我，仿佛它是我的数学老师一样，（我恨死他了，一想到他我就会想起学校里各

28

种让人不爽的事）"只需要大约一秒钟！因此天文学家认为地球到月亮的距离大约是一光秒。"

"哇！氢一点儿，那么手电筒的光需要多久才能到达太阳呢？"

"太阳离我们很远，但是这个距离对光来说就没那么远。你可以想象一下，坐着普通的飞机，你会花费大约十六年才能抵达。但是手电筒的光到达太阳表面只需要八分钟多一点儿！也就是说，太阳和地球间的路程等于光速传播八分钟多一点儿的距离，你也可以简单地理解为：它们间的距离大约为八光分钟。"

"我的天啊！"我惊讶地叫了出来，嘴里的爆米花都掉到了地上。

"接下来我要讲的可是重头戏。准备好，我马上开始讲，你可要坐稳了，免得把你吓得摔倒了。小心点儿，别把沾着口水的爆米花掉到地上。你看到那里那个橙色的小点儿了吗？"它一边问一边用手指着天空，"那颗星星叫毕宿五，和宇宙中的其他的星星相比，它和我们的距离已经算是非常近的了。你想象一下，这颗恒星的周围有一颗行星围着它转，而这颗行星上住着和你一样的小孩儿，叫布鲁绿诺。如果你想给布鲁绿诺打个招呼，你可以把手电筒照向这颗星球。65 年后，布鲁绿诺就会收到你的问候了，因为毕宿五和我们的距离恰好是 65 光年。"

注：毕宿五是金牛座中最亮的星，是一颗比太阳略大的红巨星，北半球冬季星空可见，肉眼目视略有发红。

"啥！？那你的意思就是,当布鲁绿诺收到我的问候的时候,我已经变成了一个和凯妮塔一样老的老爷爷了?"我这么说,眉头皱得紧紧地。

"对,就是这个意思。"

"但是,氢一点儿,我们为什么要浪费光阴,浪费生命呢?我们只需要写一封问候信,然后造一艘比光速还要快的超级飞船,派它送去我的问候。这样的话,我还可以给他捎去一袋儿爆米花尝尝。你觉得呢?或者,我也可以坐着飞船亲自去,那就太棒了!"

"布鲁诺,你的想法确实很完美,但是有个很复杂的物理问题:宇宙中没有什么东西可以比光更快。"

"没有吗?哎哟……那,如果是一艘私人定制超级无敌巨型魔力飞船呢?"

"根本就没有这种飞船!"它简直要被我的想法气疯了,一边敲着杯子的玻璃壁一边喊。

我不愿意相信我所听到的话。我花了这么多年用乐高积木拼出那么多神奇的飞船，氢一点儿一句话就把它们全部否定了。如果需要这么长时间才能到达别的星球的话，那我曾经设想的遨游宇宙、征服其他星球、结识地外生物的计划就全部付诸东流了——我有点儿想哭。

"氢一点儿！你真让人扫兴！"我绝望地对它喊道。

"对不起，布鲁诺。这就是宇宙万物运行的规律。有位天文学家曾经这么说过："宇宙没有义务让你理解"，而且，宇宙中也曾发生过非常罕见而且难以想象的事：比如它的大小。我们的宇宙很大很大，超级无敌的大！而且，星星距离我们也是非常非常非常远，远到你手电筒里的光要花费好多好多好多年才能照到它们，远到你的小脑瓜儿根本无法想象。但是你要相信我，我曾经遨游过整个宇宙。"

听氢一点儿这么说，我有点儿难过，因为我没办法实现遨游太空的梦想了，还感到了一丝的害怕，因为我觉得自己越来越渺小。如果我们和星星之间的距离真的这么远，那么我们就只不过是浩瀚宇宙中漂浮的一粒沙罢了。回头想想，有时候我觉得洗手间有点儿远就懒得去刷牙，真的好搞笑，哈哈哈哈。

"但是布鲁诺，你也别太失落了。"它继续说，"因为接下来我要给你讲的东西可是其中最令人难以置信的了，你可要认真听呀。既然你的手电筒里的光需要一定的时间才能到达月球、太阳或者别的星球，那反过来也是一样的道理。

这些星球发出的光也需要时间才能到达我们这儿。

来来来，我们拿太阳举个例子。太阳是一颗恒星，它能自己发光。它就好比一个照着你的，来自宇宙另一端的巨型手电筒。如果它所发出的光需要八分钟才能到达地球的话，也就意味着，当我们望向太阳，我们看到的并不是此时此刻的太阳，而是它八分钟前的样子。"

"什么？救命啊！快给我颗糖压压惊，这个小方块儿在说胡话。"我被吓坏了。

我使劲嘬了几口手里的棒棒糖，几秒钟之后冷静了下来，我琢磨着氢一点儿说的其实也有点道理。如果我手电筒里的光需要八分钟才能穿过太阳和地球之间的距离，那么当这束光到达那里的时候已经是八分钟之后了。那么相反的，那些传播到地球的光，应该也是八分钟前太阳发出的。在光传播到地球的同时，太阳也在变老，所以我们看到的太阳的模样其实是它八分钟前的样子。"我换个思路给你解释吧。"氢一点儿继续说，"你可以想象一下，假如有一天有人施了魔法，太阳消失了，嘭——我们并不会立刻察觉到。在八分钟之后我们的世界才会陷入黑暗，到这时我们才会意识到太阳不见了。"

我把眼睛瞪得比死鱼的眼睛还要大，与此同时我的脑细胞开始拼命工作，好理解氢一点儿说的话。

"是不是很惊讶呀？你最好再吃一颗棒棒糖，提前压压惊，还有一些事儿是更令人难以置信的。因为星星们离我们太远太远，远到难以想象，所以它们的光需要在太空中遨游很久很久才能到达地球，这时我们才能看到它们的样子。也就是说，有一束光好几年前就出发了，而直到今天它才跑到这里，所以你看到的是它几年前的影像——甚至说是它好几千年前或者好几百万年前的影像。在这么长的时间里，这些星星该经历过多少变化呀！"

"停停停停停！我需要呼吸点儿新鲜空气，好消化这么大的信息量。"我把它叫停，然后跑了出去，想爬到花园中央的柳树上呼吸点儿新鲜空气。

此时天已经黑了，夜空中几点星光若隐若现。我凝视着其中一颗星星观察了好一会儿，试着想象这个大手电筒射向我们的光是如何在宇宙中传播了好几年——这束光一边传播，我和它也在一起变老。

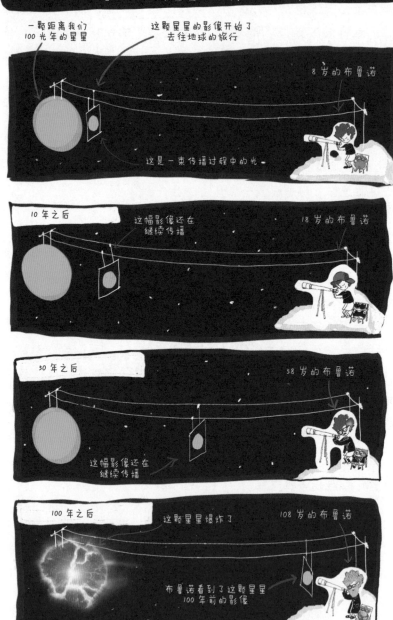

布鲁诺和这颗星星的距离 = 100 光年

一颗距离我们
100 光年的星星

这颗星星的影像开始了
去往地球的旅行

8 岁的布鲁诺

这是一束传播过程中的光

10 年之后

这幅影像还在
继续传播

18 岁的布鲁诺

50 年之后

58 岁的布鲁诺

这幅影像还在
继续传播

100 年之后

这颗星星爆炸了

108 岁的布鲁诺

布鲁诺看到了这颗星星
100 年前的影像

34

那天晚上，我一边打着响指，一边想象我自己正指挥着一艘以光速绕着地球飞行的飞船。"叭——"的一声，我就到日本了；又"叭——"的一声，我到了南极；然后还去了意大利、新西兰，还有中国！这样环游地球简直是轻而易举呀！再往后的话，我可能会花一秒钟去月亮上，之后再花上差不多八分钟抵达太阳！

当我想入非非的时候，很大的一声"嘘——"把我拉回了现实，然后又是一声："你有毛病吧！烦死人了！"那是氢一点儿的声音，它在杯子里向我提出抗议，因为我打响指的声音吵得它睡不着觉。然而，睡死鬼鲍伊却一点儿没被我打搅到。

这时，我还是一点儿睡意都没有，就从床上爬起来，打开窗帘，拿出望远镜，开始观察这寂静的夜空。尽管我知道，遨游太空只是个梦想，但是当我看着那些星星时，我真的感觉我正在向它们一步步靠近。这都要归功于圣诞老人送的神奇的礼物：我的时光机。

第三章
来自艾伦的信

　　都过了三天了，我的手指肚还因为那天晚上打响指打得太多觉得很疼。我对"回望过去"这件事还是有些疑惑。氢一点儿给我讲的东西确实都挺有道理的，但是总感觉差点儿什么，还欠点儿火候。要是我把它们都弄得清清楚楚的，那我回到学校的时候就可以讲给我的朋友们听了。但是，我觉得我还是专心玩儿我的望远镜吧，先不想这么烧脑的事了。我相信总有一天我会弄明白的。

　　今天我突发奇想，想看看我的圣诞礼物还有没有别的用途。我总觉得，所有的东西都不是只有一个用途的，比如：吹风机不但可以用来吹干头发，还能用来耍杂技，而且还能把我妈妈的洗发水做成泡泡。（小赖皮不但用放大镜观察事物，还用它烧蚂蚁。）

洗发水

我已经找到了这架望远镜除了观察宇宙和研究星星之外的别的用途了。这个用途就是监视我的邻居。我知道，你们可能会觉得我是个喜欢窥探别人隐私的人，但是你们错了。我可是很有原则的：监视范围仅限于观察重要的间谍活动和调查我们这个街区的未解之谜。

　　我就是这样弄明白了，为什么每天晚上津本铁人家里都会传来一声又一声的叫喊。并不像我之前所想象的那样：我原本以为是某个神经病想勒死他。但真实的情况是：津本先生很喜欢武打片儿，这些电影演员上蹿下跳，甚至翻着跟头摔到地上。我觉得，津本先生在日本的时候一定是个职业格斗家，因为每天晚上他一边看电影，一边会拎起一个枕头练习飞踢，嘴里还大喊："咿呀！哈！"

最有趣的是，我还发现这是个超级棒的"地下电影院"！因为我爸爸妈妈不允许我晚上看电视，所以每次我都不得不像猫一样偷偷地溜进他们的房间找遥控器以防被他们发现——这简直要把我折磨死了。现在一切都变得简单多了：拿出我的望远镜、关灯，然后一直看电影看到我睡着——因为津本先生的电影是日文的，我每次看不了多久就会昏昏欲睡，而且他每次做回旋踢的时候总会挡到屏幕。

有一天我脑瓜一热，就把我的间谍活动透漏给了氢一点儿，这简直是个天大的错误！当我向它暗示说我更喜欢用望远镜观察邻居们而不是看星星时，它简直暴跳如雷。然后就给我做了一个很长很长很长的演讲，教训我要尊重别人的隐私权，还唠叨了很多我都听不懂的东西。每天我妈妈给我讲的道理已经够多了，我索性就把水杯和来自星星的眼镜丢在了桌子上，为了不被氢一点儿看到，我还把塞西莉亚的毛绒玩具龙压在了它们上面。

然后我就把望远镜对准了恩格尔先生家，想看点儿新鲜的，突然……我心花怒放了。

贝拉回来了！和往常一样，她又在她家的花园里做着奇怪的冥想。她去墨西哥交换学习了三个月，说真的，我挺想她的。

贝拉

　　贝拉是我多年的邻居，虽然我们没在一个学校，但是我们一直是很好的朋友。她和我认识的其他女孩儿不一样。她喜欢在发间别上几朵花儿，还喜欢救助那些在街上流浪的小动物。她做事总是从容不迫，仿佛一切都在她的掌控之中。她喜欢了解各种花的神奇特性，还爱看和十二星座有关的东西，学习这些东西对我来说就是浪费时间。尽管我们之间有许多不同，但是我们的共同爱好也超级多：我们会在一起玩儿"你拍一我拍一"的游戏、玩儿过家家、一起拯救蚂蚱、为街上被轧死的流浪猫举办葬礼、一起吃冰激凌，还有好多好多事情。

　　贝拉也许不知道，总有一天我会向她求婚的。但是我不想过早地和她谈论这个话题，就让一切顺其自然吧。

　　"哇偶！！！这是什么东西呀？"塞西莉亚像袋鼠一样一边跳一边扯着嗓子喊。

　　一看到她，我的脑梗都要犯了。她正戴着那副来自星星的眼镜，一边喊一边用手指指着杯子。她发现氢一点儿了！

我想等她镇定下来再给她解释，可是她的叫声越来越大。我想到的唯一不让妈妈听到的办法 就是从地上捡起一只臭袜子，把它揉成团，然后塞进塞西莉亚嘴里。

　　然后我拽着塞西莉亚的胳膊，端上杯子，跑向贝拉家。鲍伊有点儿困惑，就爬到了我的头上，还变成了我头发的颜色。是时候公开我的秘密了！

　　刚一见到我，贝拉就朝我跑过来，给了我一个紧紧的拥抱，这个拥抱比我想要的还要紧。

"诺诺！"她很激动，"我有好多事儿要给你说呢！哎呦喂，你做发型了！看起来像棵棕榈树一样，哈哈哈哈哈，太可爱了！但是，认真地说啊，你还挺适合这种朋克风格的，别把它剪了啊。咦？鲍伊在哪儿啊？我怎么没看见它？你根本就想象不到我去的海滩有多美！"

贝拉说的都要喘不过来气了。

"塞西莉亚！"这时她才注意到我妹妹也站在旁边，就喊，"你嘴里为什么含着一只袜子呀？你会被憋死的！救命啊！"她想救塞西莉亚，大喊一声，扑到了她身上。

"不要啊！"我阻止了她，"贝拉，我也有好多事想和你说。还有你，妹妹。"我超级严肃地看着她："你得保证，如果我把袜子取出来你可不能喊！"

她眨了两下眼表示同意了，我就把袜子揪了出来。塞西莉亚不说话，像恶狼一样盯着我，吐出几小团残留在她嘴里的袜子上的绒毛。

没洗的袜子

42

"小·塞西，看到你没事我真的太高兴了！"贝拉说着抱住了她，"现在，布鲁诺，告诉我们是什么这么神秘吧。"

因此，我就开始一五一十地给她们讲了我的原子朋友们的故事。我一边讲，鲍伊一边改变身体的颜色来帮助我更好地解释我的意思。

我先讲的是假期中的某一天，一副有魔力的眼镜从天而降，用这副眼镜可以看到原子。接着我又告诉她们原子就是构成物质的迷你乐高积木。原子中最有代表性的就是氢原子和氧原子了，它们就住在我的玻璃杯中，还教给了我很多知识，告诉我很多宇宙的奥秘。我还告诉她们，圣诞节的时候我收到了一架望远镜，氢一点儿把它叫作"时光机"。

贝拉和塞西莉亚听得目瞪口呆。我以为她们会把我当成精神病患者关起来，然而，她们没有这么做。似乎她们也很有兴趣学习一些关于宇宙的知识。她们两个轮流带上这副神奇的眼镜和它们打了招呼。和我料想的一样，贝拉用了两秒钟就已经成了它们——尤其是金毛儿氧的密友，三人聊起了自己的"青春往事"。

我跟你说哦，我的头发可是用双氧水护理过的。

这时我们远远地看见马努埃尔先生骑着他的小摩托车过来了。马努埃尔先生是我们这一片区的邮递员，有小道消息说他是凯妮塔的男朋友。

"来自艾伦的信。"一听到马努埃尔的话，贝拉立刻就跑过去了。

你们肯定会问：艾伦是谁？好吧，根据贝拉告诉我的，艾伦是她在墨西哥城当交换生的时候认识的新朋友。我得认真地分析分析这个墨西哥佬到底够不够格当贝拉的朋友。

贝拉拆开信读了起来。不一会儿，她的脸就由晴转阴了。

"艾伦骑自行车的时候出车祸了！"她脸色煞白——简直和我的英语作业本儿一样白。

车祸的原因是：这个艾伦瘦得跟竹竿儿一样，自行车颠簸的时候把他颠下来了。但是我觉得他其实是想和贝拉搭讪，故意让自己在空中做了几个托马斯旋转，好借这个机会给贝拉发自己的照片。这个瘦猴儿被自行车颠起来，甩进了一片灌木丛，更要命的是，那片灌木丛里长满了荆棘。

　　想想他被困在荆棘地里的场景我就觉得很有趣。但是贝拉看起来是真的很担心他。她跑去向她妈妈要手机，给艾伦打了个视频电话。

　　当这个墨西哥佬接通电话的时候，我们非常惊讶，从屏幕上看他连一丁点儿擦伤都没有。这就让我搞不懂了，这个艾伦费了这么大劲儿做了这场秀，告诉我们说他遇到了一场可怕的交通事故，可是到头来他却连一点儿皮都没磕破。

"艾伦！你还好吗？你不是出车祸了吗？"贝拉问他，鼻子都快顶到屏幕上了，"我读你的信的时候还以为你会像烂香蕉一样满身的伤口和瘀青呢。"

"但是！哎哟喂，小傻瓜，你刚收到信吗？小贝拉，我可是一个月前给你寄的信啊，那时候我还在医院呢！唉，这封信到得也太慢了！我现在已经完全好了。我都收拾好准备去参加全国土豆饼节了。继续吧！继续吧——"

这时我闭上了眼，开始想象这封信是如何被送到这里的：首先，被某位护士放在皮包里带出了医院；然后这位护士把它交给了邮局的工作人员；再然后这封信又从邮局到了飞机场，被放在了某架飞机上。当它抵达圣地亚哥的时候，工作人员会把它分发到我们这里的邮局，马努埃尔先生从那儿拿到了信，然后……这个艾伦给了我灵感！光的传播应该也是这样的！信需要一定的时间才能被送到收件人手中，而在它被邮寄的过程中，很多事情已经变了。当我们收到信开始读的时候，尽管信中的内容仿佛就发生在今天，但是实际上它告诉我们的是以前的事，也就是说它讲的故事已经过时了！

艾伦的这件事就是个很好的例子：我们收到信的时候以为他正在医院打石膏呢，但是实际上在邮局邮寄这封信的时候，艾伦已经慢慢地康复了；而当我们收到信的时候，他已经完全康复了，一点儿伤疤都没留！也就是说，信带给我们的是以前的消息。光也是这样的，但是它给我们讲述的不是几个月前的事，它带给我们的是几千年，甚至是数十亿年前的消息！

47

光就像一封耽误了很长时间才送到的信一样。

就像马努埃尔先生经常说的，我"茅塞顿开"了。我终于明白为什么氢一点儿说我的望远镜是一架时光机了，因为它能告诉我们宇宙过去是什么样的。

打完视频电话之后，我们就躺在草坪上继续聊天。贝拉告诉我们她这位好朋友姓"布里托"。原来是这样啊！这就能解释为什么他能从自行车上飞出来了：艾伦比"瘦猴儿"还要瘦！

艾伦·布里托

布鲁诺眼里
贝拉的新朋友……

译者注：艾伦的姓氏为"布里托"，西班牙语为"Brito"。因此他完整的西班牙语名字为 Alan Brito，和"瘦猴儿、瘦竹竿、骨瘦如柴"的西班牙语"Alambrito"在书写和发音上都很相似。

第四章

超级光

　　我还记得很清楚，在这个暑假的某天晚上，我看到我爸爸变成了另外一个人。一月的天气总是很奇怪：尽管能感觉到一阵阵的热浪，但是空中已经聚集了绵羊毛一般浓密的乌云。

　　我在我的房间里用乐高搭着奇特的飞船模型，鲍伊满脸睡意地看着窗外，等着小·苍蝇飞到它跟前。

　　突然，一只飞蛾直直地朝我扑来，撞在了我的额头上，还把它自己给撞晕，掉在了我盛米饭的碗里——这个碗已经在我桌子上两天了。

当我用放大镜观察这个可怜虫是如何挣扎着自救的时候，我注意到桌子上的乐高积木在缓慢地移动，每一块儿积木都以相同的速度移动着，就像一支训练有素的军队一样。我三下五除二地把这只飞蛾从盘子里捉出来扔到了空中，下一秒它就开始了在鲍伊肠胃里的旅行。

过了一会儿我听到了声响，一连串的声响。这些动静是从一楼传来的。听起来就像很多个古老的大钟在一起响，伴随着非常有力的钟摆的嘀嗒嘀嗒的声音。这声音太震撼了，连玻璃都在震动。我感觉自己仿佛坐在圣地亚哥市中心的大喇叭上。

我不是胆小鬼，我敢瞪大眼睛看吸血鬼和僵尸电影，但是此时此刻，恶劣的天气和这些奇怪的声音掺杂在一起，让我浑身起了鸡皮疙瘩。我跑着下楼去找我妈妈，但是我只看到了冰箱上的便条。

孩子们：
我去参加老同学聚会了。你们可以从冰箱里拿爆米花吃，不用偷偷摸摸的。
亲亲！
妈咪

读了这张便条，我觉得我明白我妈妈总唠叨的那句话的含义了：你前脚刚走，我后脚就来了。我把这张便条放到一边，把手放在耳朵后面。每当凯妮塔想听得更清楚点儿的时候，我都会见到她这么做。

这些声响是从我爸爸的书房里传来的，他在家里工作的时候都会去那里。有那么一瞬间，我想象着那里有一个巫师，他趁我妈妈不在家时候制造奇怪的药水，准备用它催眠我们。他会让我们像猴子一样走路，像婴儿那样说话，让我们学狗叫、学猫叫，还会向我们索要他想要的一切。我们就成了他的奴隶！

当我走近那个小书房的时候，我发现让我担惊受怕的东西只不过是一段音乐而已。那是我听过的最奇怪的音乐了，当然了，挽歌除外。噗——我舒了一口气。

我怕打扰到他，小心翼翼地打开了门，把头探了进去。看到我爸爸这副模样我简直惊呆了：他站在桌子上，把领带扎在脑门儿上当头带，手里还攥着网球拍模仿电吉他。他完全沉醉在音乐里了。他扯着嗓子，声嘶力竭地喊着、唱着，丝毫没有注意到他踩在了他吃早饭时剩的奶油甜甜圈儿上。

我长舒了一口气，不幸中的万幸啊。虽然他唱的歌极具魔性，但幸运的是他不是巫师！

"爸爸，哈喽！"我仰着脸跟他打了个招呼，"你正在听什么呀？"

"你说——什——么？"他手里仍然攥着他的网球拍，闭着眼睛，脸朝着天花板，说话时还带着唱腔。

"我说，你正在听——什——么？"我扯着嗓子喊道。

"啊！我在听一个史诗级乐队的歌！它——就——是——平克·弗洛伊德。"他也喊了起来，一边把专辑封面递给我，一边伴着音乐的节奏摇头晃脑。

我觉得这张专辑的封面比它的歌还要奇怪。在纯黑的底板上，从一侧射出一束光，封面的正中间有一个透明的三角形，五颜六色的光从它的另一侧射出。我就不打扰我爸爸回忆他的青春岁月了。我偷偷地把这张专辑封面拿走，跑回了我的房间。

"氢一点儿，快看这个。"我一边说一边戴上来自星星的眼镜，"你见过这种东西吗？"

"我的老天爷呀！这不就是牛顿的那个神奇实验嘛！"

"你说的是奥利维亚·纽顿-约翰吗？那个女歌手？我妈妈超级喜欢她！"

"不不不，不是，布鲁诺，我说的是艾萨克·牛顿。"

我不知道为什么，一听到这个名字，我就有一股强烈的欲望想吃个苹果。

"我来给你解释解释。"氢一点儿继续说，一边说一边在杯子里到处游动，仿佛它在做一个 TED 演讲一样，"你看到的这个东西叫作三棱镜，它是一块儿横截面为三角形的透明玻璃。你记不记得你爸爸会在文件上面压一块儿东西防止它们飞走？那个东西就是三棱镜。"

三棱镜

三角形的横截面

"哦。所以呢？"

"牛顿告诉我们，如果让一束光穿过三棱镜，那么它就会被分散成彩虹的颜色。"

"太酷了吧！"我忍不住叫了出来，又重新跑向我爸爸玩儿摇滚乐的房间。我得"借用一下"他的三棱镜。

快到的时候我猛地停下了：我该怎么把它取出来还不被发现呢？因为如果我直接找他要，根本就没得商量。我想到了！塞西莉亚！我妹妹可喜欢彩虹了！

我又拐了回来，重新上了楼，跑到走廊的尽头然后敲响了她的门。我一进去发现塞西莉亚正站在她最喜欢的洋娃娃波比面前，她似乎在生波比的气，因为它没有把食物都吃完。我说服了她，让她帮我个忙，作为交换，我会邀请她到我房间里欣赏奇观。

计划很简单。我去分散我爸爸的注意力，塞西莉亚随后悄悄地潜入拿走那块儿三棱镜。

她很爽快地接受了。我们数到三，快速地在胸前画了二十次十字，然后……"开始行动！"

"爸爸，我也很喜欢摇滚乐。"我说着走进了这个房间，手里拿着一张纸和一支铅笔，装出一副很有兴趣的样子。

从我这个位置可以清清楚楚地看到那块儿三棱镜，但是塞西莉亚不能，对她来说太高了。我还总是调侃她长得矮。每当她惹我生气的时候我都会说她像个跳蚤马戏团的驯兽师。但是这次我倒是盼着她能再高一点儿，我也很希望告诉她，她就像个穿了高跟鞋的长颈鹿。

杂技演员虱子

一堆虱子

　　塞西莉亚瞪着眼睛，打手势问我那块儿三棱镜在哪儿。我一边装样子打着我假想出来的鼓，一边使劲儿努着嘴，用嘴指向放着全家福照片的架子。最难的就是我不仅得给她下达指令，同时还得朝我爸爸微笑以免他看出我的鸭子嘴。

　　最后，塞西莉亚想到了一个办法，她用书堆出了一座塔站了上去。那一刻我都想象到她磕破脑袋进医院的样子了。万幸，塞西莉亚灵巧得像只小猫一样，安全地脱身了。

这是个比我想象的要难得多的任务，但是和我爸爸一起玩儿摇滚乐真的很赞！我得承认，我最终还是喜欢上了这种奇怪的音乐。

我们回到了我的房间，我把那块儿三棱镜拿给氢一点儿看，告诉他我太想做奥利维亚·纽顿－约翰的实验了，都快想死了！

"兄弟！人家叫艾——萨——克·牛顿，更准确的称呼是艾萨克·牛顿爵士"，它这么回答我，无奈地用手掌捂着额头。

然后它给我们解释说，为了让实验效果更明显，我们需要一束非常细的光。它准备把窗户染成黑色，然后在上面留一个小口儿好让阳光从那里进来。但是这会花掉很多时间的，而且如果这么做了的话我妈妈训斥我们的声音也将会在各个房间回响。我可不是开玩笑哦，我妈妈吼人的声音真的很大。有一次她吼我去打扫房间，吼得太太太……太大声了，连邻居们都吓得收拾起了屋子。我得好好珍惜假期剩下的这些日子。

我一边想办法一边看向窗户。印在窗帘上的超人凝视着我，仿佛在问："布鲁诺，你在琢磨什么呢？"

"有了！"我说着打了个响指。我打赌，如果我的超级英雄的眼睛上破了个小洞，一定不会有人注意到的。

我拿出剪刀、把桌子挪到窗户旁边、爬了上去、开始给超人做手术。然后我拉上窗帘，嚯——太棒了！除了超人的两只眼睛，整个房间都是黑的，从他的眼睛里射出两束光线，和他融化铅块、穿透墙壁的光线一样！

　　这时候我拿出那块儿三棱镜，把它放在屋子最中间的位置，恰好能让透过窗帘进来的光线穿过它。

　　就在我们眼前，一束光从三棱镜的一端射入，而当它从另一端射出的时候变成了彩虹的颜色！

　　"太神奇了！"我惊呼道。

"神奇？你看到的还只是皮毛而已！"氢一点儿一边说着话，一边像摇滚歌手一样用手比了个金属礼，"布鲁诺，你把眼镜戴上，这样就是锦上添花了！注意看那些彩色的光线。"

哇哦！这副眼镜再一次震撼了我！我一戴上它，就看到从三棱镜里抛出了数百万个和氢一点儿差不多大的小东西。

"这些东西是什么呀？"我问氢一点儿，"也是像你一样的小·原子吗？"

"布鲁诺，你可拉倒吧！这些丑八怪和我们原子长得一点儿都不像。你看看它们的打扮，简直是一群丑八怪！"

"我觉得它们超级无敌巨好看！"我这么说，看得都入迷了。

译者注：金属礼是金属摇滚乐队、乐迷在现场经常使用的一种手势，在不同的文化中具有不同的含义。正确的金属礼是把大拇指、中指、无名指贴紧，食指和小指伸出。

组成可见光的
各种光子

红色光的光子

橙色光的光子

黄色光的光子

绿色光的光子

蓝色光的光子

紫色光的光子

"布鲁诺，你的喜好可真是重口味儿啊！话说回来，你看到的这些东西叫光子，是人类发现的速度最快的微粒。虽然我不喜欢你拿它们和我做比较，但是我不得不说，它们和我们原子在宇宙中扮演了很相似的角色：组成各种事物。物质是由原子构成的，而相反的，光则是由光子组成的。"

注：实际上，光是以两种形态存在的。在某些实验中人们发现它可能是以光子的形态存在，而另一些实验结果表明光可能是以波的形态存在。就像克拉克·肯特一样，有时他是个普通人，有时他又成了超人。在这本书中我们暂且认为光是由光子构成的。

"既然他们是构成光的微粒，那么我们是不是就可以说它们是在以光速前进？"我非常谨慎地问它。

"完全正确，布鲁诺！不管是什么颜色的光，光子总是不快不慢地以光速在运动。这个用三棱镜做的实验，"它接着说，"告诉我们从太阳里射出的白光是由其他不同的颜色混合成的，这些颜色就是彩虹的颜色！"

突然，外面的一阵强光打断了氢一点儿。隔了几秒钟——轰隆隆隆！

我跑到窗户边，拉开窗帘。外面倾盆大雨、电闪雷鸣。我记得凯妮塔总是说，如果下雨了就说明天使们正在尿尿。我们就一直这么透过窗子看着外面，一言不发。过了有十来分钟吧，太阳拨开乌云，又重新出现了。

"快看啊！"塞西莉亚喊，用手指向了南方，"彩虹！氢一点儿，那我们是不是也可以说水滴就像三棱镜一样，当阳光透过它照耀大地的时候就形成了彩虹？"

我看向氢一点儿，看到这个老原子在杯子里为塞西莉亚鼓起了掌，我也跟着它鼓起掌来。塞西莉亚真是个天才！

注：只有在真空中光子才会以光速运动，也就是说，当它们在水、空气或者其他媒介中运动的时候速度会降低。

"我太喜欢这些光子了。"我在心里默默地说。在这个世界上没有什么可以比它们更快了。它们的造型超级有趣，当它们跑进我的眼睛我就能看到它们了。

那天，我在我的排行前十的超级英雄列表里又加了一位新英雄：超级光子。

第五章

浴室的阀门装反了

幸运的是第二天是个大晴天，艳阳高照，没有任何要下雨的迹象。我这么说是因为这天晚上我们计划着要在"陵园"搞个大活动。

陵园是贝拉家门前的一块荒地。这是我们的秘密基地，每当有人不想学习或者我们搞一些特别行动的时候就会藏在这里。我们这么叫它是因为我们会把那些在街上被轧死的流浪猫、流浪狗埋葬在这里。在这里的时候我们感觉自己就像掌管死亡的世界霸主一样。

我们会把各种各样的东西藏在这个秘密基地里。这是个对整个片区的小孩儿都开放的地方，大家都会把家里的旧东西或者一切可以再次利用的玩意儿带到这里。在这里我们甚至还有一块儿专门用来策划那些重大恶作剧的黑板。

在所有筹集来的东西中，最有排场的就是那几个旧汽车座椅了。我们不知道这是不是我们这个片区的报废汽车厂送给我们的礼物，或者……难道是谁把陵园当成了秘密垃圾场？重点是它们当客厅的扶手椅正合适！还有人带来了一把特别好用的铁锹，有了它我们就不用像以前一样用小勺子刨土做坟墓了（所有的勺子都被用弯了）。

我们还有一只手电筒、几个便携式对讲机、一把吉他，但是这把吉他只能当个摆设，因为没人会弹。我们还搬来了好多大石头，用这些石头我们围起来了一块儿可以点篝火的地方。在这之前，我们还找来了一棵多功能的树干。这个树干不但可以当作野餐的小桌子，还能当椅子、鲍伊的床，甚至还可以当玩滑板时的斜面。

和其他的场所一样，这里也是有很多规矩要遵守的。比如：在这里不允许讨论学校的成绩、严禁以大欺小、所有的东西都要拿出来分享。因此我们还有个口号：一毛不拔者，请另寻沧海！

我们的计划是这天晚上把望远镜搬到陵园去，生起篝火，一边看星星一边吃东西。我发毒誓不会把东西弄丢，这才征得我爸爸的同意，拿了些串烧烤的铁签子，他还送我了几根香肠、一些肉，这样我就能把每一根签子都串得满满的。这次活动的参与者按年龄从大到小排列，有：氢一点儿、金毛儿氧、贝拉、我、塞西莉亚和鲍伊。

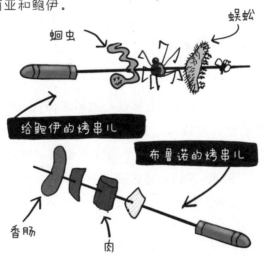

蛔虫

蜈蚣

给鲍伊的烤串儿

布鲁诺的烤串儿

香肠

肉

　　已经快九点了，但是我们还有充足的光线来筹备一切。我们找来了很多木棍，生起了火。然后大家分工合作，贝拉想根据风水来布置这个地方，说如果这样的话人和大自然、宇宙，以及好多我都没听说过的奇怪的东西之间就能达到和谐统一，还说这会帮我们转运……我默默地听着，不知道她到底说的是西班牙语还是日语，因为我连半个字儿都没听明白。

　　在贝拉聚天地之灵气的时候，我在一旁开始组装起了我的望远镜。塞西莉亚负责准备好那些烤串儿，然后就开始烤了。

译者注：由于地理和季节原因，在智利，太阳到晚上九点左右才会下山。

到现在，一切都按部就班地进行着，直到塞西莉亚的一声尖叫吓得我们浑身汗毛都竖了起来。

"塞西莉亚！你怎么了？"我问她，赶紧朝她看去，发现她手里攥着一个木制的小圆柱体。那是我爸爸借给我们的铁签子后面的木把儿。我捏了一把汗，看了看那团火，签子前面铁质的部分掉在火里，连带着香肠还有其他串在签子上的东西也都掉在里面！要是被我爸爸发现了，我可能不久以后也会被埋在这个陵园里了！

尽管我知道，我今天晚上要进行的科学研究可能会让我变成吉尼斯世界纪录的候选人，但是此时此刻，我还是很心疼这些食物和我爸爸的铁签子。这根香肠在火里滋滋地响着，渐渐从咖啡色变成了焦煳的黑色。看着这根香肠一点一点离开人世间，我悲痛欲绝。但是，我马上就发现了一个令人难以置信的现象。

"大家都过来！"我提高了嗓门儿喊道。

在这股掺杂着烧焦了的香肠味的浓烟中，我们可以看到，那根铁签子变得越来越红了。我原以为这只会发生在动画片里，但是这是真的！把铁加热到很高的温度它就会变成红色。

贝拉又靠近了点儿，一脸严肃地说道：

"别碰它！小心！它估计比锅里的土豆还烫呢！我们先等等吧，看看会发生什么。"

而就在这时，一件令人觉得完全不可思议的事发生了：那块儿铁开始慢慢地变成了蓝色！难道它感冒了？

签子上的铁

氢一点儿和金毛儿氧都是一脸不屑，静静地看着星星。鲍伊慢慢地变成了这块儿铁的颜色。塞西莉亚正在为那根香肠哭泣，我和贝拉张大了嘴巴盯着那一根铁签子，看它的颜色是如何变化的。

"真是一群年轻人啊！还有很多东西等着你们去经历、学习呢！"氢一点儿终于发话了，"你们难道都不知道发热的物体上不同的颜色代表着不同的温度吗？"

"我可从来没听说过。"我说，眼睛都不眨一下，死死地盯着那个小火堆。

"那，好吧。这块儿铁掉进火里之前，它是几乎没有热量的，对吧？换句话说，我们看到它是黑色的是因为它几乎不反光，如果这里是完全黑暗的，那么我们就不可能看到这块儿铁了。冷的物体本身是不会发光的，我们之所以能看到它们只是因为它们反射了来自太阳、灯泡或者篝火的光。"

我坐得离那团火远了点儿，继续听氢一点儿讲。

"但是当铁掉进火里之后它就被加热了，然后变成了红色。随着它的温度不断上升，它也会渐渐变成橙色，然后是黄色，最终，它会变成蓝色。马上你们就会看到它像冰块儿一样熔化了。"

"什么！？"我们齐声惊叹。

"孩子们，快，往天上看，好好看看你们头顶的这些星星。你们能看到各种颜色的星星，它们的颜色能告诉我们它们有多高的温度。和这块儿上了天堂的铁有着同样的原理，一颗蓝色星星的温度要比红色星星的温度高得多。"

注：从严格意义上讲，一团篝火的温度还不足以让物体变成蓝色。而且，铁在变成橙色之前就已经熔化掉了。

对我来说，除了太阳，所有的星星都是白色的，我觉得太阳是黄色的——最起码我在学校画的太阳都是黄色的。是不是存在蓝色或者红色星星这件事我觉得有待商榷。这是真的吗？还是说因为吸了太多烧焦的香肠冒出的烟，氢一点儿的脑子被熏坏了？

"看那三颗。"氢一点儿平躺在杯子里，嘴里说着，"你们看到了吗？那就是三位玛丽亚。"

译者注：由于宗教以及历史原因，猎户座的三颗亮星在拉丁美洲被称作"三位玛丽亚"或者"三王"，而在我国则被称为"福禄寿三星"。

"看到啦！"我们几个同时回答。

"注意看，在它们旁边还有一颗红色的星星，那就是参宿四，它比太阳的温度要低得多。嗯——在它们的另一侧有一颗蓝色的星星，它叫参宿七，它可热着呢！它差不多是太阳温度的两倍！现在你们知道了吧，两颗星星的颜色不同是因为它们的温度不同。"

"哦——"我们三个一起回答，仿佛一个训练有素的合唱队。我们几个就像是维也纳乐团的歌手一样。

这次和之前一样，氢一点儿又让我看见了那些一直就在我鼻子跟前但从没注意到的东西——准确地说，这次是在我的"鼻子上方"的东西。那天我们知道了星星并非都是白色的，而且它们的颜色能够帮助我们非常方便地判断它们的温度。

鲍伊受到这个故事的启发，慢慢地把身体的颜色由红变蓝，接着又从蓝色变回了红色。它陷入了两难抉择，不知道该挑哪个颜色好，但是每个颜色看起来都棒极了！

我们回到家的时候已经很晚了，但是在关灯之前我又陷入了思考，开始琢磨颜色和温度这些事儿。为什么我家里的淋浴上控制冷水的是蓝色的阀门，而红色的则控制热水呢？这和宇宙的规律是相反的。

太伤脑筋了，我暗自琢磨着：如果地球和宇宙在表示相同的温度时都用一样的颜色，那我们就能免去很多麻烦了。参照着参宿四和参宿七的颜色，我把家里所有淋浴头的阀门都对调了一下。

这真是个馊得不能再馊的主意！

第二天上午，我爸爸早早地出了门去打网球，回来的时候累得半死，比阿塔卡马沙漠中的蝙蝠侠出的汗还多。不到十分钟的功夫，我们就看到他赤身裸体地在庭院里跑，背上红得像西红柿一样。他本来是想冲个凉水澡，却不料水管里流出一股……开水！哎哟喂……

译者注：阿塔卡马沙漠是南美洲西海岸中部的沙漠，主体位于智利北部境内，也有一部分位于秘鲁、玻利维亚和阿根廷。由于海拔较高，降水极少，且人烟稀少，空气质量好等因素，阿塔卡马沙漠是世界上最适宜进行天文观测的地区之一。

第六章
不可见光

　　那天早上我醒来时闻到一股很浓的烟味，这味道立马让我想起了前一天晚上在陵园的事。我该怎么告诉我爸爸他的一根铁签子已经被烧成炭了？情况非常不乐观。我把脑袋探出窗户，想看看贝拉是不是已经在外面玩了。但是我看到几个街区之外飘着一股浓浓的黑烟，我大惊失色，吓得小心脏都快跳出来了。我首先想到的就是："我们没把篝火扑灭！我们把整个片区都烧了！不要啊！"我飞奔着跑去按贝拉家的门铃，都没注意到我还穿着睡衣、眼皮儿都还粘在一块儿呢。而她已经完全醒了、眼睛睁得大大的，但是一言不发。

　　"贝拉！我们闯祸了！我们完了！我们会蹲监狱的！我们最起码会被关在铁栅栏后面二十年！我觉得现在我们最好快点儿去警察局自首，说不定还能从宽处理。"

　　"布鲁诺！淡定点儿！"她一边说一边握紧了她的十字架项链让自己镇定下来，"别胡思乱想了！我妈妈跟我说了，烟囱太太手里夹着点着的烟睡着了。但是不用担心，消防员已经在路上了，他们会把火扑灭的。"

　　我得给你们解释一下，烟囱太太是住在街角的一位老太太，她因为抽烟抽得太多嗓音沙哑，我们叫她烟囱是因为她总在冒烟，像个烟囱一样。

　　"布鲁诺,我们要不要去看看?"贝拉问我,"我要带一小袋儿石头发给大家,传递爱心和感情共鸣。"

　　唉,带那些石头有什么用啊?我这么想。我非常想找个一劳永逸的方式告诉她,想让那些石头灵验,就跟想让豆角有水果口香糖的味道一样,这是不可能的。但是,无论如何,既然她觉得那有用,哪怕她想运一卡车的石头,都随她吧。最有意思的是去火灾现场的路上的场景。

　　立刻出发!我滑着滑板,贝拉骑着她的彩色自行车,我们一起在街上全速前进。不用想,塞西莉亚像个尾巴一样跟在我们后面,踩着她那双有小翅膀的轮滑鞋。鲍伊趴在我的头上,它已经变成了消防员的头盔。

我们到达火灾现场的时候，发现那里乱糟糟的，挤满了人。那座房子在我们的眼前，像篝火中的柴火一样熊熊燃烧。烟囱太太还穿着睡衣，头发乱蓬蓬的，这很容易让人联想到是不是有几只猫在她头上打架了。她看起来有点儿忐忑，一根接着一根地抽着烟想让自己镇定下来。火灾现场的滚滚浓烟和她嘴里吐出的一个个烟圈一同将她笼罩，在这两股烟的双重包围中，烟囱太太绝望地呼喊着她的宠物的名字。

当火势被稍微控制住的时候，消防员们才得以靠近那栋房子，看看还剩下什么东西没被烧毁，试着找找烟囱太太的猫，看它是不是躲在哪个角落了。没有，连猫的影子都没看到。这时候还有很多烟，再往里深入会非常危险。在这浓烟中，消防队队长格里夫听到从更深处传来了什么声音，觉得那可能是被困在房子里的狗的叫声。想救它的话就得赶快行动了！我们看到格里夫和其他消防员聚在了一起，在商量营救方案。

"你！那个小孩儿，戴头盔那个，你叫什么名字？"

"谁？我吗？布鲁……布鲁……布鲁诺。"我回答，所有人的目光都集中在了我身上。

"过来，我们需要你的帮助。"

格里夫队长跟我解释说废墟中的空间太小了，还说需要一个身体灵活的人进去以免发生意外。我鼓起勇气，告诉他们，我准备好帮助他们了。我走近废墟，但是烟太大了，连看清自己的鼻尖都很困难，而且烟熏得太难受，没几秒钟我就不得已闭上了眼睛。

"把这个戴在头上，扣紧，这样就能看见了。"队长对我说。

我不知道那个不可思议的工具是什么，但是，我奇迹般地看到了一切。我开始前进了，越往里深入温度越高，小狗的叫声也越来越近。几分钟之后我找到了它，它趴在几块湿木板和瓦砾下面，像这栋房子（准确点儿说，是往日的那栋房子）的主人一样咳嗽着。我抱起它准备把它带到空气新鲜的地方。

当我怀里抱着这只小狗出来的时候，整个街区的人都鼓起了掌。贝拉迅速把它接了过去放在地上，开始在它爪子上做按摩……根据她的说法，足底按摩可以帮助小狗清肺润燥。

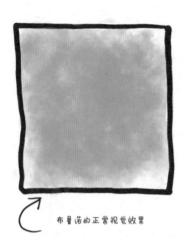

布鲁诺的正常视觉效果

戴上红外线夜视仪的
视觉效果

格里夫队长向我表示祝贺，还把制服上的一枚小勋章送给了我。然后他给我解释说我刚才戴的那顶头盔上安装了可以看到红外线的仪器，所有的消防员都配备了这种头盔。因为它不仅可以让我们在完全黑暗的环境中看到东西，还能让我们透过烟雾看到目标。他说的话我听得一头雾水，但是无所谓啦，我已经知道它是非常专业的仪器了！

"发明这种设备的人真是太聪明了！"我想破脑袋想出这么一句话，"它可以让人看到原本看不到的东西。能在伸手不见五指的房间里看到一切。冠军品质，值得信赖！"

我救出来的那只小狗没有戴项圈儿，估计是只流浪狗。大家一致同意让它当第五消防中队的宠物。人们给它起名叫作"耶舍尔"。

小·老鼠（烟囱太太的猫居然叫这么个名字）突然出现，从一棵树跃到了另一棵树的树梢上，这只猫被大火给吓坏了，一直躲在树杈中间避难。

贝拉给耶舍尔做完足底按摩之后，这只狗看起来好多了，简直是立竿见影的效果。贝拉抱住烟囱太太，说为了她自己的健康不要再抽烟了，而且抽烟还会污染我们的星球、污染她身边的人呼吸的空气。我们在建立了如此令人难忘的丰功伟绩之后，满心欢喜地回了家。

从那天开始，格里夫队长就成了我们的好朋友，经常邀请我们到消防队去，不但允许我们爬到消防车上，还批准我们按响车上的警笛。还有几次，他让我们做他的助理，帮他给大家分发糖果。有个消防员朋友真是这世上最酷的事了！

消防员们真勇敢！

呜呼——
呜呼——

耶舍尔

回到家之后，我给爸爸妈妈讲了这场营救耶舍尔的冒险，讲到动情的地方还哽咽难言。大家都觉得我是个英雄。趁着这个机会，我就向我爸爸坦白说我把他的铁签子烧成炭了，他一点也没有责怪我。我就知道这样一定很管用！

氢一点儿一直在家等我，我就声情并茂、一五一十地给他讲了这个故事，还专门给它说了说那个可以让我看见红外线的设备。 我一直不懂红外线是什么意思，因此，氢一点儿再一次绘声绘色地给我做了讲解。我觉得最好是把它给我讲的东西记在笔记本上，这样我就永远都不会忘了。

我是这么写的：

今天氢一点儿给我讲了个很神奇的事儿。我们人类也是会发光的，但是和星星的光不一样，我们所发出的光用我们人类的眼睛是看不到的。那它的奥秘是什么呢？温度！

我知道这听起来很玄乎，但是别担心，我会用我的方式给你解释清楚的，人们总说我口才特别好。

众所周知，不管是宇宙中还是地球上，物质都是由原子构成的。但是有趣的是，这些原子总是非常不老实——就像我在学校里一样！

当某个物体中的原子像超市收银台旁排起的队一样非常缓慢地往前挪，那这个物体就是凉的。而当它们像参加短跑比赛一样狂奔的时候，这个物体就成了热的。

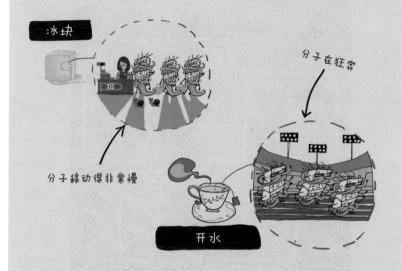

冰块

分子移动得非常慢

分子在狂奔

开水

　　而非常令人惊奇的是，在宇宙中不存在静止不动的原子，也就是说，不管物体摸起来有多么凉，它们都是有温度的。我本来以为企鹅的枕头是这世界上最冷的东西，嘶——。但是，宇宙中似乎还有其他的、温度低得多的东西。在这种情况下，原子肯定移动得非常非常非常慢。

　　还有个超级重要的科学奥秘。原子在物体中移动的时候，这个物体就会发射出某种特定的光。也就是说，宇宙中存在的所有物体都会"发光"，但是，它们发出的大多数光对我们的眼睛来说都像幽灵一样，我们只能用特殊的机器才能看到它们。接下来，我就给你们介绍一下这些组成了不可见光的光子，我们先从它们的名字开始：

而那些温度不高或者很凉的物体，比如我的滑板、一只小狗或者一块儿冰，我们之所以能看到它们是因为它们反射了太阳光或者灯泡、手电筒等这些光源所发出的光。但是在一个漆黑的房间中我们是看不到它们的，因为它们发出的是红外线和无线电波。现在我明白了为什么我能把耶舍尔从大火中救出来，因为它的身体本来就能发射红外线，而我用特殊的设备就能看到这种光线。

而那些很热的物体，比如太阳和其他的星星，它们本身是能发出可见光的。可见光是我们人类唯一能看到的一类光。如果星星是冰凉的，只能发出红外线的话，那我们的夜空就会变得像狼窝一样，一片漆黑。那就太凄凉了。

你们可能不相信，在这个世界上有比太阳的温度还要高得多的东西！这些物体按照这样的先后顺序发出不可见光：

　　* 如果这些物体非常热，那么它们总的来说就会发出紫外线。
　　* 如果这些物体特别特别热，那么它们总的来说发出的就是 X 射线。
　　* 如果这些物体超级无敌巨无霸热，那么它们总的来说发出的就是伽马射线。

　　你们可能注意到了，我用了很多次"总的来说"这个词。请注意，这是重点：就比如说，我总的来说喜欢吃爆米花，但是我同样也喜欢吃巧克力和冰激凌。这些物体总的来说会发出一种光子，但是它们同样也会发射出别的。这是因为它们患有选择困难症！

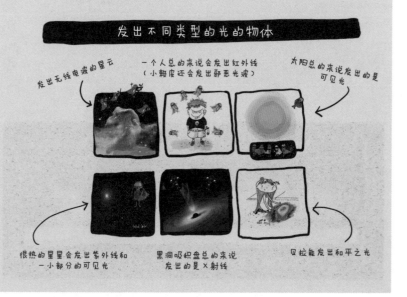

发出不同类型的光的物体

发出无线电波的星云

一个人总的来说会发出红外线
（小顽皮还会发出邪恶光波）

太阳总的来说发出的是可见光

很热的星星会发出紫外线和一小部分的可见光

黑洞吸积盘总的来说发出的是 X 射线

贝拉能发出和平之光

81

我觉得X射线非常有用。因为这些光子可以穿透我们的皮肤，但是却不能穿透骨骼。因此我们拍一张X光片就能看到自己的骨架。么么哒——啵！

因为吃太多爆米花还不爱刷牙，长了很多龋齿

　　从无线电波到伽马射线，各种类型的光组成了一个大家族，物理学家称它为电磁波谱。我知道这个名字确实很吓人，但是习惯了就好了。

电磁波谱家族

人类的眼睛只能感知这个波谱中的很小一部分，也就是说我们只能看见其中被称作可见光的那一部分。可能凯妮塔连这一小部分都感知不到，因为她几乎什么都看不见。

　　如果我们深入地想一想，就会发现原来有那么多光线我们都看不到，我们就像戴着墨镜的瞎蝙蝠一样。

布鲁诺，2021 年 1 月 10 日

　　我收起笔记本上床睡觉，虽然感觉很疲惫但是也很开心。我是我们整条街的英雄。我合上双眼，就在我要睡着的那一刻，我听到了一阵"嗡嗡嗡——嗡嗡嗡——"的声音。我都不敢相信，蚊子居然能看到我！我把窗帘拉严实，一点光都不透，整个屋子里漆黑一片。但是这只坏蚊子还是、还是一直在我鼻子旁边飞来飞去。我费了好大的劲儿想赶跑它，但都是徒劳的。这时，我听到了氢一点儿的喊声。

"别白费力气了布鲁诺。蚊子可不是一般的虫子，它们能感知到红外线。"

那也就是说，这只蚊子可以清清楚楚地看到我。对它来说，我就像一颗星星一样！

我无计可施，只好向我的超级宠物求救。我把它叫醒，放在了我的床腿旁边。尽管鲍伊看不见红外线，但是他敏锐的嗅觉和灵活的舌头能让它比任何有超能力的蚊子都要敏捷。

第七章
月亮上有牧场吗？

从收到这一套望远镜到现在，已经过去了两星期了，但是我还从来没有好好地用用它。我最后一次想用它观察星星还是在陵园的那天晚上。但是你们也都知道了，那天的冒险以铁签子的不幸而告终，就像我爸爸形容的：一切都寿终正寝了（以防你们不懂这个词，我给你们解释一下，它的意思就是一切都玩儿完了）。

因此，我决定当天晚上爬到我的空中楼阁上，好好地用用圣诞老人送我的这个礼物，争取一次用个痛快。

我的空中楼阁

我称作"空中楼阁"的这个地方其实是我家二楼的一个迷你露台。有一次家里来了个维修师傅，他要爬到上面修点儿东西，我自告奋勇当他的助手——就是这样，我发现了这个地方。爬到上面之后我发现，这个平平坦坦的小露台正好在塞西莉亚房间的窗子和我的窗子中间，简直是太棒了，因此我就公开宣布这是我的地盘。在那里没有人会打扰我，而且视野超级超级好，好到超乎你的想象。

那里还有一个不干不净的坐垫，因为到了晚上，鸽子会把它霸占了当床，但是，管它脏不脏的，我无所谓。我想用它的时候，就把它拿起来抖一抖、拍一拍好让粘在上面的毛掉下来，然后就直接用。我还在这个坐垫的旁边放了一个装着饮料的暖壶，暖壶旁边有满满一盒的糖果。这些糖果是我每隔一段时间就从储物柜里拿出来一些放在这里，一点一点攒起来的。

说到这个空中楼阁，我最喜欢的一点就是每天下午都会吹来的凉爽的风。因为一月的圣地亚哥热得仿佛地狱一般，这一丝丝的凉意是我的空中楼阁给我最好的馈赠。

有好几次，我吃过午饭爬上空中楼阁，从那里我能看到很多人在街上走，头上顶着一口大锅遮阳，挥汗如雨，这场面让我真的很难过。所以我想了个办法来帮他们解暑，我找来一个大筐子，里面装着灌满了水的气球，鲍伊负责站在人行道，当有下班回来、累得筋疲力尽、热得汗流浃背的行人从这里经过的时候，它就会给我发信号告诉我准确的时机，好让我把水球抛到他们身上。我真是个天才！对吧？

装着灌满水的气球的筐子

生闷气的行人

　　一般情况下，当被冰凉的水球砸到的时候他们会吓一跳，但是最后他们总会高兴起来的——最起码我是这么想的。事实是，不止一次，我不幸地摊上了脾气超暴的人，这些人会冲着天空破口大骂。每当这个时候，我就猛地缩回鸽子们的垫子里，以免暴露位置，这样他们就不会知道满肚子的怒火该冲谁撒了。

　　我已经和你们说过了，那天我决定吃过饭后直接爬到空中楼阁上，带上望远镜和一袋爆米花。这次我决定不和贝拉一起了，我想自己完成任务。最近看贝拉看得太入迷了，我简直都要神魂颠倒了。据她所说，这是因为满月的关系。

那天晚上我选取的第一个观察对象恰好就是月亮。

"嗨，氢一点儿。你觉得在我们这个街区会有谁的望远镜比我的还大吗？"我一边问它一边调整眼睛和目镜的位置。

"哎哟，我的天呐！你可别瞎琢磨了！你可是小孩儿中为数不多的自己家里就有望远镜的幸运儿。但是要说存不存在更大的望远镜，答案很显然是肯定的！有非常大的望远镜，大得远超你的想象。因为要想看清楚星星，望远镜的尺寸是最重要的因素：尺寸越大越好。我跟你说啊，这些望远镜就像游泳池那么大……"

"啥？像游泳池那么大？"为什么氢一点儿偏偏在我刚开始对天文学有点兴趣的时候疯了？有一个和游泳池一样大的望远镜，这是我这辈子听过最不着调的话了。"我觉得你脑子里进水了。"我超级真诚地对它说。

"孩子，你着什么急啊！你还没等我把事情解释清楚呢，居然还嚷嚷开了。"这个老原子在杯子里喊，"回答我这个问题。如果下起了瓢泼大雨，如果你想接点儿雨水，你会用什么接呢？用游泳池还是杯子？"

这个问题肯定没那么简单，一定有陷阱。因为它的答案用脚趾头都能想出来。用的容器开口越大，相同时间内接到的水就越多。

"逻辑上来说是游泳池。"我回答它，不太敢确定，因为氢一点儿从来没提过这么小儿科的问题。

"完美！那么你再想。如果你去参加生日派对，你的朋友们拿着小袋子站在糖果罐下面，而鲍伊抱着个大箱子站在旁边，谁接到的糖果会更多一些？"氢一点儿声情并茂地问。

"很明显，鲍伊接到的多。箱子比袋子大得多，因此掉进箱子的糖果也会更多！"我回答它。

鲍伊，就是现在！

"所以，你已经知道为什么了。大型的望远镜就像接雨水的游泳池，或者糖果罐下等着接糖果的箱子。望远镜的口径越大，它收集光线的效率也就越高，我们看空中的物体时就能更清晰。

译者注：糖果罐是很多国家小孩子们过生日时派对上的重头戏，里面装满了糖果、巧克力等小零食。使用时把它悬空挂起，然后让寿星蒙着眼睛去敲打，让小零食掉出来，分享给朋友们。

比如，如果你想看到一个非常暗的物体，那么你就需要一个巨型望远镜来尽可能多地聚集从它那发出的光。如果不这么做你就不可能看到它。你知道的，光是由那些长相很奇怪的光子构成的，所以说光子就像'一滴一滴'的光一样。望远镜越小，它接收光的'水滴'效率就越低。明白了吗？"氢一点儿挑着眉毛问。

的确，氢一点儿说的有道理：望远镜的作用确实很像游泳池。

 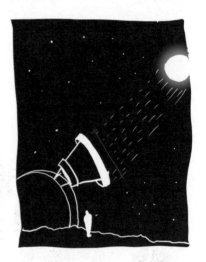

"我还得再补充一件事。"它接着说，"你生活的国家有着这个星球上最明净的天空。这对接收来自宇宙各个角落、千百万光年之外的光非常有利，这些光会给我们讲述宇宙的故事。"

"也正因如此，世界上最好的、最大的几座望远镜就被建在这里，在智利！"突然，一个小女孩儿的声音传来。

氢一点儿、鲍伊和我，我们三个同时转过身去，想看看是谁这么大胆，敢不经我们允许就爬到了空中阁楼上。居然是贝拉。原来她早就爬到了树上，在树杈上舒舒服服地坐着，一边吃着巧克力一边听着我们几个在空中阁楼说话。

　　"你怎么在这里？你怎么上来的？什么时候来的？"我摆着一张不高兴的脸问她。但是，其实她来这儿我还挺高兴的。贝拉的一言一行总能让我很开心。

　　"布鲁诺，我从我家花园里都闻得出来你这股爆米花味。"贝拉一边用她那细腻的嗓音说着话，一边用手拢着头发，"你不会赶我走的对吧？看，我还给大家带了小零食，还带了几支香薰蜡烛，可好闻了。"她说着从包里拿出一袋巧克力，包装袋反着光、亮闪闪的，还取出她的"香"熏蜡烛。

　　"氢一点儿。"我捏着鼻子悄悄问它，一边还用手在旁边扇着这股"香"气，"贝蜡（贝拉）说有几台汪原镜（望远镜），是真的吗？"

"当然是真的啦。"氢一点儿回答，"智利北部有一片区域，那里气候很干燥，而且一年中大部分时候都是万里无云的。正因为这些得天独厚的条件，人们把最先进的望远镜建在了那里。"

　　"话说回来，望远镜建立在那里是因为那里没有遮挡视线的云彩，假如圣地亚哥某一天也是晴朗无云的，那在这里看到的星星也是一样的对吧？"我跟它说了我的看法，只不过这次没有捂鼻子，因为我担心它们听不清楚我在说什么。

　　"一个没有去过阿塔卡马沙漠的人是很难明白的。好吧，好吧，好吧……好吧。"氢一点儿重复了差不多得有十次吧，"现在听我的指令。请你们闭一小会儿眼睛，想象自己正处在一个荒野，这里没有城市只有沙漠。此时夜幕降临了，你们手里也没有手电筒。你们看到了什么？"

　　"嗯……什么也看不到。"我给出了一个让人大跌眼镜的答案，"如果周围没有房子、没有广场也没有灯光，那就是漆黑一片，伸手不见五指。"

　　"我觉得我们能看到很多……"贝拉说着拆开了第三块儿巧克力，"我们可能会看到很多流星，还可以许很多愿望。因为如果大地陷入黑暗，我们就能更清楚地看到星星了。"

　　"贝拉说得对哦。"氢一点儿很开心，"圣地亚哥的楼房、街道、汽车都太多了。这就使得这座城市非常亮，因此就不具备最好的观测天空的条件。"

错误的城市照明设计
"光污染"

正确的城市照明设计
"快乐的天文学家"

　　"相反，北部地区的天空对那些醉心于研究宇宙的人来说就像宝石一样珍贵。但是现在，北部地区的那几台望远镜周围的城市制造了很多光污染，这正在变成一个令那些天文爱好者非常头疼的问题。也正因如此，我们更应该好好保护智利的天空，因为在地球上再也没有别的地方像它一样如此适合做天文观测了。"

　　我坐在空中阁楼上想：我头顶也本该是漫天繁星的吧，但是由于城市的灯太亮了我没办法看到它们。我一边想，一边观察起贝拉来，她的小脸蛋儿嘟嘟的像个小仓鼠一样，里面塞满了巧克力和小零食。我想到了一个好主意：等再开学了我要竞选课代表，这样我就有机会进学生会、当学生会主席，然后向学校提议把足球场上那几个灯给换掉，这样我们的夜空就不会这么亮了。

"哎呀，我们说了一大堆话，都没好好观察夜空。"我突然冒出这么一句。我们聊天聊了这么久，我观察月亮的计划还一点儿没实施呢。我把一只眼睛抵在望远镜的目镜上，然后就开始随意地调整视野。刚开始，我看到了几座房子、接着是附近的高压电线，最后，找到啦！那么大！它又白又亮还那么圆，而且……还有牧场？月亮上有牧场！真的！我发誓我真的看到了月亮上会移动的大牧场，牧场上还长着灰色的牧草呢。

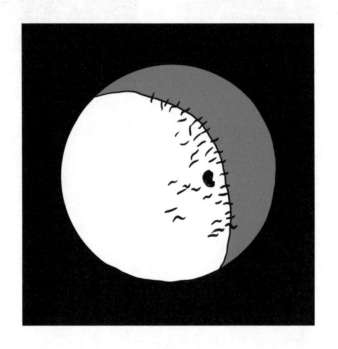

　　"氢一点点点点儿！"我喊了起来，"月亮上有牧场，这也就意味着那里很可有还有别的生物！这真是举世瞩目的科学大发现啊！"

氢一点儿看了一眼望远镜，然后就大笑起来，笑得都停不下来了。

"布鲁诺。"它笑得眼泪都流下来了，"你都没注意到你把望远镜对准哪儿了吗？小傻瓜，月亮在另一个方向！你看到的那个东西是埃尔维斯先生的肚皮！"

"什什什什么？"

埃尔维斯先生是我的一位有"烧烤癖"的邻居，但是我们都称呼他"埃尔维里脊"，因为他特别喜欢做烤肉——不分昼夜，而且他还爱光膀子，露着他那圆滚滚的、长满了毛儿的大肚子。我刚才居然以为他的肚脐眼是一个未被发现的陨石坑，甚至都想过用我的名字来命名这个大坑了！气死我了！

第八章
认识宇宙的窗户

　　"布鲁诺，把望远镜朝向右边……再挪点儿，再来一点点儿，就这里！孩子，这个才是月亮，你看它多漂亮啊。"

　　我都不敢相信，月亮上面居然是坑坑洼洼的！还有裂缝！我按照氢一点儿指示做，看到的居然是一个截然不同的东西。

阿波罗 11 号着陆的地方

"贝拉！我们去北方吧？"我向她提议，"我想去欣赏那里的天空，再看看那几座大望远镜。从今往后，我要把我所有的零花钱都攒起来，等开学的时候我还可以把我的糖果卖给小赖皮挣钱。"

"好呀好呀！"她回答道，喜上眉梢，仿佛我们有自己的汽车明天就能出发一样。"我们还可以把我的石头也带到北方，这样它们就可以聚天地之灵气，吸日月之精华。这些石头可以帮助人们转运。我还要带些粉色的水晶。"她补充说，"它可以安神，还能给我们带来桃花运。还有我的烟水晶，可以防手机的辐射……"

"我可不信这些，我觉得你带这些石头块儿除了让你的包更重之外，再没有什么别的用处了。"我还没说完呢，这时我看到几个肥皂泡儿正在空中飘来飘去。

"这种洗发水是用纯植物精华萃取的，它的泡泡抗过敏效果非常好。我们出发的时候也得带上这种洗发水。我们不知道在干燥的沙漠里……"

"好的，好的，我服了！"我实在受不了了，"你想带什么都行可以了吧，那你能不能先把这些蜡烛吹灭了？"

"真不知道她怎么想的。"我向氢一点儿抱怨，"这种泡泡很明显一点用都没有。你知道我是怎么想的吗？贝拉可能就住在泡泡里，要不然她怎么会这么奇怪。就像凯妮塔常说的：怪诞不经！"

"嘎小子，你也是住在泡泡里的！"氢一点儿很大声地说。

"你可别开玩笑了！"我一边扮着鬼脸一边回答它。

"我可没开玩笑！你还记得你救下耶舍尔的那天吗？"

"我一辈子都忘不了！"

"那你还记不记得，我跟你说过你的眼睛只能看到那些可见光，但是还有很多光是你看不到的？这就是因为你住在一个泡泡里。"

"哦？是吗？我可连半个泡泡都没看到。"我这么说，对着周围的空气一顿拳打脚踢，想试试我住的这个透明球会不会破。

"布鲁诺，我也看不见。"氢一点儿继续说，"尽管非常稀薄，但是它确实是存在的！它是一层包裹着地球的气体，叫作大气层。"

"那这个东西和红外线又有什么关系呢？和救小狗也没关系吧？也不关我眼睛的事吧？"我站在鸽子的垫子上问。

"布鲁诺，关系可大了去了！因为有很多光子从宇宙来到了地球。它们有的来自太阳、有的来自其他星球甚至其他星系。但是穿过大气层到达地球表面的只有那些构成可见光的光子。其他所有的光子都被反弹了回去。"

"太——棒了吧！就像一张超大的蹦蹦床！"我猜道，"当——当——当——"。

"差不多就是这样的。"氢一点儿肯定了我的想法。"因为人类是住在这个泡泡内部的，而只有可见光才能穿过这个泡泡，"它继续说，"所以人类就演化出了只能看见可见光的眼睛。"

注：无线电波和一部分红外线也是可以穿过大气层的。

　　"太令人难以置信啦！"我喊了出来，不是因为我惊叹于氢一点儿对一切都有着渊博的知识，也不是感叹它解释得多么生动，而是因为这个现象本身。我一琢磨——太可怕了！氢一点儿给我讲的这个现象让我想起了那天晚上几乎要把我吃了的蚊子。我想象着，假如宇宙中有个星球，它的大气层只有红外线能通过：这个星球的生物可能就演化出了只能看到红外线的眼睛。它们就会看到——这个星球上满满的都是蚊子！我的老天爷呀！

译者注：蚊子可以看到红外线，不代表能看到红外线才能看到蚊子，小主人公在这里存在一个误会。

某位儿童航天员在到访嗡嗡星球期间，因受蚊子围攻而亡。

"那我们为什么不把这个泡泡去掉呢？"我站起身来问他，拍了拍屁股上的鸽子毛，"你想象一下那该有多棒啊！那样的话，所有的光子都可以到达地球表面了，人类就会演化出可以看到不可见光的眼睛。"

"别胡思乱想了！"金毛儿氧终于说话了，他从刚开始一直在梳理它的头发，闭口不言，"大气层是一个保护盾！你们要知道，那些不可见光可是相当有害的！假如没有大气层的话，地球上就不可能有生命！朋友，从某种意义上说，生命的出现可要归功于构成了这个泡泡的分子们。"

"我喜欢住在大气层里。"贝拉一边说着，一边把数不清的泡泡吹向四面八方。

贝拉俨然是一个吹泡泡专家，她居然能把一个小泡泡吹进大泡泡里，就像等红灯时看到的杂技表演一样。我目瞪口呆地看着她，心里想着什么时候我才能像她一样吹出这么好的泡泡。

"你怎么这副表情？你不相信我吗？好吧，你们看这个。"金毛儿氧边说边从它的家庭相册里抽出一张照片。

地球不欢迎你们！

紫外线光子

臭氧分子
氧原子 + 氧原子 + 氧原子 = O_3

"像我一样的氧原子分散在世界各地。我住在这里，和氢一点儿组成了水分子。但是我的很多兄弟姐妹们选择组成臭氧分子，变成大气层的一部分……

当很多这样的分子聚集在一起的时候，臭氧层就形成了。它是抵御来自宇宙，尤其是来自太阳的紫外线的坚固的盾牌。假如没有这些臭氧分子，人们的皮肤就会被灼伤，体内的细胞也会被杀死。"

译者注：在很多国家的闹市区，有人会站在等红灯的车前进行各种杂技表演。

"哇！请你代我向你的兄弟姐妹们表示感谢。"我特别欣慰地看着它。

突然，鲍伊站起身来，夺过我的望远镜。

"鲍伊，你在干吗呀？这可不是给你玩儿的！"我朝它喊，但是鲍伊坚持着要用望远镜看我家房子的一角。

我转过身想看看那儿有什么。我果然看到了个奇怪的东西正从那里经过。有个黑影正鬼鬼祟祟地穿过花园。

"那会是什么东西啊？"我压低了嗓子问。

"嘿，伙计，快用望远镜看看！可能是有人在偷东西！"氢一点儿说，它觉得我的圣诞礼物除了观察星星，确实还能看点儿别的东西。

而正当我准备开始侦察工作的时候，一声充满敌意的咆哮传来，整条街都能听到："我找到那几个每天在我下班路上朝我滋水的混蛋了！你们这是自食其果！"

一股凉水直直地喷到了空中阁楼上。

"鲍伊，快！快去找我妈妈的雨伞！"我一边喊一边把鸽子的垫子摆在我们身前当盾牌。

鲍伊很快就拿着伞回来了，它撑开伞放在了我们面前。

"我们得救了！" 我这么喊着，和他们一起合力抵抗着这股水流。

这把雨伞是个完美的防身工具了，当然，除了一个小细节不够完美：这位邻居不知疲倦地朝我们冲水，但是我们的盾牌上有个小破洞，一股小水柱直直地冲进了我的眼睛里。

雨伞上的小破洞

怒气冲冲的邻居

五分钟之后，这位怒不可遏的邻居报完了仇心里舒坦了，关掉了水阀，回家睡觉去了。我们几个互相看着对方，肾上腺素还没有褪去，仍然沉浸在这场"自卫战争"的兴奋中。尽管我的脸已经被水滋得没有知觉了，但是还好，毕竟我们逃过了"拿着水管的精神病"这一劫。

"布鲁诺，你这是咎由自取啊！" 我正用衣服擦着脸，金毛儿氧冒出了这么一句。"雨伞虽然救了我们，但是由于这个非常非常小的洞我们并不是安然无恙的。这和臭氧层面临的问题是一样的。你们生活在地球上，一点一点地破坏着它。因此，现在臭氧层也有了一个破洞，有害的光子会从这个破洞进来。" 它说着忧伤地望向天空，仿佛是在寻找它的兄弟姐妹们。

"我可没有。"我挺着胸脯说,"我以我所有的乐高积木的名义保证,我可没有破坏臭氧层!"

"我知道,布鲁诺。破坏臭氧层的既不是你也不是贝拉,而是那些不负责任的人,它们把钱看得比健康还要重要。你们是人类的希望,因此你们要时刻谨记保护我们的大气层,这样才能保证人类的生息繁衍。"

"遵命!"贝拉和我同时说,然后我一边试着修好伞上的这个小破洞一边又补充道:"能够在它的保护下生活,我们真是太幸运了。"

"没错。"氢一点儿又插了一嘴,"这确实是我们的福气,但同时也是个问题。"

"你开玩笑的吧?那你说说,有大气层到底是好事儿还是坏事儿?"我都要被他搞糊涂了。

"是一件天大的好事!因为假如没有大气层,地球上很有可能就不会有生物存在了。但是对天文学家来说,这确实也是个问题。因为那些被大气层挡住的光子不能被望远镜观测到,而它们中包含了很多信息,这些信息对研究宇宙起着重要的作用。"

"嗯……我没听明白。"我实话实说。

"那你认真听哦。"氢一点儿一副突然想起了什么的表情,"我曾经结识了一位意大利天文学家,她叫玛格丽塔。她给我讲过一个故事,我觉得这个故事可以帮助你们理解我说的话。

你们设想一下，假如有一个人，他从出生开始就被囚禁在一座塔里……"

"就跟我们被囚禁在学校里一样？"我一边问一边把脸转向它那边，它紧皱着眉头，像极了一只蓄势待发的罗威纳犬。

"布鲁诺，注意听，别打岔！你们想象一下，这个囚犯被关在一个有很多窗户的房间里，但是只有一扇面朝海的窗户是打开的。你们猜这个囚犯眼中的世界是什么样的？在他看来，地球是由水组成的，除了水什么都没有了，因为他除了水什么都没见过。我们再继续往下想，过一段时间之后，另一扇朝着森林的窗户打开了；再过了不久，朝向大山的窗户开了；再后来是可以看到沙漠的那扇窗户；接着那扇可以看到城市的窗户也被打开了。就这样，他脑海里逐渐形成了对这个星球全面的认识。只有通过所有的窗户往外看，这个囚犯才能真正了解到他所生活的这个星球。"

"玛格丽塔的故事太有意思了！"贝拉欢呼雀跃。

"也正因为如此，天文学家们才发明了各种各样的望远镜，其中有些是可以观测到不可见光的。而这种望远镜是安装在宇宙中的，它们一边绕着地球转圈一边进行观测。"

"有道理！这样它们就能离星星更近了！"我马上接过它的话，我觉得我的结论都能得诺贝尔奖了。

"布鲁诺，不是这样的。"氢一点儿给我解释，"星星可是很远很远的。你现在是站在地球上，就算你站在月亮上，星星对你来说依然是遥不可及的。人们之所以把望远镜装在太空中，是因为这样它们就可以从大气层的外侧进行观测。这样的话看到的图像会更清晰，而且不只是可见光，还能接收到各种各样的没有到达地球表面的光。如果我们只通过可见光来研究外太空，那我们就会像那个囚犯一样，对周围的环境不会有全面的认识。"

我把最后一块爆米花丢进嘴里，这时，我突然感觉自己明白了玛格丽塔的故事——用我自己的方式！我想象我生命中第一次看到一大袋新鲜出炉的爆米花。如果我只能闻到它诱人的香味，却不能尝尝它的口感，或者看看它上面附着的焦糖，那我可能就不会这么一发不可收拾地爱上它了。相反，如果我能调动我所有的感官，那我就能明白为什么它是这个世界上最诱人的美食了。

爆米花游泳池

我推测研究宇宙应该也是一样的道理。每种"光线"都会给我们呈现不一样的角度，通过各种各样的望远镜，我们能收集到各个方面的信息，这样才能更好地了解我们的宇宙。望远镜对我来说不只是游泳池或者糖果罐，它们还是帮助我们认识宇宙的窗户。

注：今天，我们不仅可以通过我们的望远镜捕捉到的可见光和不可见光来研究宇宙，还可以通过引力波、中微子和其他来自太空的奇怪事物来研究宇宙。

第九章
圣佩德罗和塞西百科

早上六点，我可怜的耳朵听到了一阵超级大的噪音。

"咚咚咙咚咙咚咚"，那是我爸爸在模仿敲鼓的声音。

鲍伊还贴在天花板上，但是它突然下来了，可能是想起来今天是我们出发去北部度假的日子吧。我们要去北部参观天文学研究所。当我告诉它那里可能会有很多美味的虫子的时候，它欣喜若狂。

我们对氢一点儿讲的关于智利的天空的故事特别痴迷，因此几天前，我和贝拉成功地说服了我们的爸爸妈妈到圣佩德罗-德阿塔卡玛做一次考察。

凯妮塔也加入了我们的旅行。那天晚上她住在塞西莉亚的房间里。她的耳朵已经非常聋了而且睡觉的时候不带助听器，想要叫醒她你只能像地震了一样使劲地晃她，因此她拿要和我断绝血缘关系来威胁我，要我早上务必叫醒她。

凯妮塔的助听器

　　我对这场旅行抱的期望很大，因此我好几天前就收拾好了我的行李。我塞进包里的第一件东西就是耳塞，这样就不会听到路上塞西莉亚累了的时候像复读机一样重复"还要多久到啊啊啊？"。我还带上了爸爸的双筒望远镜，我可以用它帮鲍伊找各种各样稀奇古怪的小虫子。还带上了我的滑板和天文望远镜。

　　最困难的是我得设法带着氢一点儿和金毛儿氧去旅行。端着杯子乘车旅行可不是好主意。为了不引起大家的怀疑，我想了个主意：把它们放进一个果汁空盒儿里，带它们"偷渡"——就像在学校时课间我们会吃偷偷带来的糖果一样。但是当我把这个点子告诉它们时，氢一点儿立马抓狂了，责怪我怎么都不设身处地地为它想一想，它怎么能在一个黑漆漆的、密封的小盒子里旅行呢？

我立刻又给它们讲了我的备选计划：我在厨房垃圾箱里找到了一个大塑料瓶，在里面灌满了水，把我的朋友们安置在里面。它们看起来对这个新家还挺满意的，简直称得上是乔迁之喜呀！

"布鲁诺，这次还挺靠谱的嘛。"金毛儿氧一边梳理着头发一边说，"孩子，你之前是怎么想的？居然打算让我们在一个又黑又难闻的棺材里呆好几个小时，那样的话我的头发可能就惨不忍睹了！"

"布鲁诺，你在和谁说话呀？你抱着这么一大瓶水要去哪儿呀？"我妈妈拦住了我，在家门口挡住了我的去路不让我出去。

"嗯……嗯……"

那几秒钟里，我的大脑一片空白。

"嘿，布鲁诺，说话呀！你最好别带水，要不然你每半个小时就得去趟厕所了。"我妈妈停顿了一下，"现在，告诉我，你刚才在和谁说话呢？"

我一句话也说不上来。从我嘴只能蹦出"嗯……"，直到塞西莉亚使出她的看家本领。

"妈妈，布鲁诺想把指甲缝和污渍也带到北部，他想看看它们能不能在含盐量那么高的湖水里游泳。我的亲哥哥，我说的对吗？"她边说边看着我，她那两条大辫子中间的脸蛋上带着一丝笑意。

指甲缝是一条透明的鱼，污渍也是一条鱼，身上长着黑色的条纹。塞西莉亚给它们起这样的名字是因为它们总是待在一块儿。这两条鱼住在她房间里一个腐臭的、长满了水藻的鱼缸里。鱼缸里的水总是绿绿的，甚至当有人来给这两个小可怜打招呼的时候，都看不见它们。我把它们称作"活死鱼"。谁也不知道指甲缝和污渍能不能看到明早的太阳。

快吃吧，我的小宝贝们！

"带到阿塔卡玛盐湖吗？"我妈妈问，"你喂过它们了吗？我猜它们应该挺喜欢在咸咸的水里游泳的。那好吧，如果你们能照顾好这些小东西，那就把它们也带上吧。"

我看了看我妹妹，长长地舒了一口气。这是她第一次在紧急关头救了我。她精湛的演技都可以拿奥斯卡奖了！哈哈哈哈，有时候我真的很佩服塞西莉亚的这股聪明劲儿。

"我的亲妹妹，你真是我的大救星！"我紧紧地抱住了她，"走吧，我们去看看那两条小鱼。"

我们跑到她的房间，塞西莉亚给了我一个超小超小的工具来捞指甲缝和污渍。

"亲爱的氢一点儿、金毛儿氧。我没有别的选择了。你们得和两个客人分享你们的新家了，祝你们旅途愉快！"

我不给它们反驳我的机会，迅速拧紧了瓶子，留下这两个小原子在瓶子里像猴子一样叫嚣着。指甲缝和污渍开心极了，一直贴着瓶子壁朝外看。在那个破鱼缸待了这么久之后，它们终于重见天日了！

这时候贝拉家的车来了。车上载着六个行李箱，一个爸爸的，一个妈妈的，其他四个是我的朋友的。

"贝拉，你怎么带这么多东西？"我问她。

贝拉开始像个专家一样给我讲解：

"我带了些水晶，到天文馆的时候我要让它们接受月光的洗礼。还带了几本书，有的是讲针刺疗法的，还有的是讲足底按摩的。还有点儿植物油，做饭时加点儿这个能让我们活力满满。还带了香精。还有为心情好时准备的粉色的衣服、为心情不好时准备的紫色的衣服……"

我在心里对自己说："我的老天爷呀！耐心点儿听她说完。"

译者注：实际上，这一瓶子水里的氢原子和氧原子可不止两个。

"快点儿快点儿！"每次我爸爸要出发去哪儿的时候，总会吼这么一嗓子，因为这是我们出发的三个步骤中的第一个。这时的我们头还没梳、牙还没刷、没换鞋、穿着睡衣、没拿行李。

"快点快点快点！都去过厕所了吗？"他一边喊一边拍着手催促我们，仿佛我们要抓紧时间逃离一场飓风一样。

我们把一切都收拾妥当，坐在车里，系好安全带——这时候才七点。能在这么短的时间里把这么多工作全都做完，这简直是奇迹呀！

"我们要去圣佩德罗了！大家都准备好了吗？"我妈妈问。

"准备好了！"我们一边齐声说一边试着躲开她手里的防晒霜，她把我们一个个涂得跟小·丑一样。

"布鲁诺，最近老看见你戴着这副眼镜，你从哪儿拿来的？"妈妈给我们涂完防晒霜之后问我。

　　"妈妈，这是时尚、潮流！我们班上好多人都戴这个。"我回答她，心里有点儿紧张。我暂时还不想告诉他们氢一点儿和金毛儿氧的事。

　　才经过了两条街我就准备把耳塞戴上了。

　　"还要多久啊啊啊？"塞西莉亚问，"我好无聊啊！"

　　"孩子，还得十七个小时五十八分钟。"我妈妈说话时眼睛睁得很大，也许她是在想象到了之后我们会看到的景象吧。

　　当人觉得旅途很漫长的时候，他就得发动自己的聪明才智来消磨时间。因为我妈妈不让我们在手机上看电影，我们就不得不自己创造些小游戏来解闷。在我妈妈看来，手机会使脑神经萎缩；而在我看来，手机可是能开发大脑的。

因此，我们被迫发明了各种打发时间的小游戏，我们一直玩儿这些游戏玩儿了好几个小时。其中我觉得最有意思的就是＂人格占卜＂＂我来猜猜看＂＂找找你的梦想之车＂＂一个枪子儿一个眼儿＂和＂禁＇是＇令＂。我还非常喜欢这个点子：把收音机调到自动搜台模式，然后玩儿＂猜歌名＂。

在安静的时候我就会想一想天文学家的故事。我自己问自己：这些醉心于研究宇宙的科学家们会是什么样的呢？我自娱自乐地在笔记本上罗列了这几个问题：

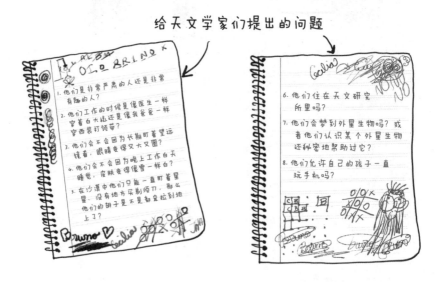

给天文学家们提出的问题

就这样，我通过写问题、打盹儿、玩其他的小游戏消磨了几个小时。

116

"我有个礼物要给你们。"突然，金毛儿氧在瓶子里说话了。

"太棒了！什么礼物呀？"我问它。

"我不能提前揭晓答案。这是个惊喜，放心，晚点儿我会告诉你们的。"

"好吧，但是，至少得给我点儿线索吧。"

"不！"它重申了一遍。

哎哟喂，我太讨厌有人这样了。这个小·方块儿就不能先闭上嘴，等合适的时机再告诉我礼物的事儿吗？它这样一说，我觉得这趟旅行突然变得好漫长，我敢肯定我最起码想了九百遍这个天赐的惊喜是什么。

快到下午五点的时候，我简直要受不了。塞西莉亚问了158遍"还要多久"，金毛儿氧又重复了100遍"我有个礼物要给你们"。到了这会儿，我们已经把所有能玩儿的不能玩儿的都玩儿了个遍了。在我们智利有这么个说法："腚儿都成方的了"——因为坐的时间太久了。连鲍伊这时也是筋疲力尽的。它知道我妈妈抱不动它了，就决定把自己伪装成凯妮塔的手包的样子，这样它就可以悄无声息地躺在她身上了。但是问题是，凯妮塔试了六次想打开包，取她的手帕擦一擦眼镜。

117

"好奇怪呀！我找不到我包包上的锁扣了。"她一边说着一边在鲍伊的肚皮上挠，可怜的鲍伊，被人抓痒痒却只能忍着不笑出来，"塞西莉亚，帮帮我吧。我感觉我每一分钟都在变得更老、更聋、更瞎！"

鲍伊伪装成的手包

嘻嘻嘻……

那天晚上我们在英吉利湾过夜，第二天和第一天是完完全全一样的：除了旅行就是"还要多久啊？""我有个礼物要给你们""我好无聊啊"——除了这些就是旅行。

直到……突然，我们的车猛地一拐弯，驶进了一条土路。

"你在干什么呀？"我妈妈有点儿害怕了，问，"这不是公路啊！你要把我们拐卖了吗？"

译者注：英吉利湾，一说英格尔港，西班牙语原文为 Bahía Inglesa，来自英文 English Bay，是阿塔卡玛地区火山口附近的一个小村庄。它的名字和 17 世纪英国殖民者的到来有关。

"都淡定点！跟着我走准没错！"我爸爸一脸狡猾地说，"在公路上跑太不尽兴！对吧孩子们？"

没有人知道我爸爸到底要把我们带到哪儿去。凯妮塔睁开眼，在她的鸡肉三明治上狠狠地咬了一大口，然后跟什么都没发生一样继续打呼噜。突然，路的左侧出现了几根手指头，这些手指拔地而起，就像被埋在土里的巨人的手。

"你们觉得'沙漠之手'怎么样？"我爸爸一边问一边打开后备箱把照相机取了出来。

"太壮观了！"凯妮塔看着完全相反的方向赞叹道。

趁着这个机会，我把鲍伊从车里抱下来一小会儿，好让它尝尝北方的虫子。但是不管我们怎么找，目光所及之处除了沙漠之手雕塑、石头和土之外什么都没有了。周围的一切都是咖啡色的。好吧，其实并非全是咖啡色……

"大家快看天上！"我喊道，看着头顶湛蓝湛蓝的天空，"爸爸，为什么天空是蓝色的？"我饶有兴趣地问。

"嗯……布鲁诺，因为天空反射了海洋的颜色。"爸爸不假思索地回答。

"可是，爸爸，这里也没有大海呀。"塞西莉亚插嘴说。

译者注："沙漠之手"是阿塔卡玛沙漠中的一座雕塑，由智利雕塑家 Mario Irarrázabal 创作完成。本书作者罗德里戈的工作单位"智利千年天体物理研究所（MAS）"的 LOGO 图案即是由"沙漠之手"雕塑演绎而来。这个雕塑也是通往阿塔卡玛沙漠深处天文台公路旁的重要地标。

我确实曾经不知道在哪儿听说过，天空的蓝色是反射了海洋的颜色，但是我妹妹说的也确实有道理。这里离海洋远着呢，因此一定有别的解释。

"天空之所以是蓝色的，"塞西莉亚抬高了嗓门，"是因为在我们地球周围包裹着大气层，而组成大气层的这些原子有它们自己喜欢的颜色。我最喜欢的颜色是粉色，而这些构成大气层的原子则痴迷于蓝色。"

"太阳光是由各种各样的光子组成的。"她顿了一下继续说，"有紫色、蓝色、绿色、黄色、橙色和红色，但是这些大气层的原子一心只想捉住蓝色光子而根本就不搭理其他颜色的光子，装得像没看到它们一样直接就把它们放行了。"

"所以每当大气层的原子看到蓝色光子过来就会想方设法捉住它，但是这些蓝色光子跑得太快了根本刹不住车，因此在被抓住前，它们都会在原子身上撞一下，然后被反弹。"

"现在你们想象一下，一个蓝色光的光子出现了。它要是想进入地球，首先得和其中一个原子碰撞，反弹，然后被弹到别的原子身上，再反弹、反弹、反弹、反弹……最终被弹到了我们的眼睛里。这就像生日派对上小孩子们玩儿气球一样，一个接一个地把它拍到空中，直到某个人没有接住掉到地上。蓝色的光子由于被反弹的次数太多，导致它都不像是从太阳上来的，反而像是来自别的地方。也就因为这样我们看到了蓝色的天空。"

"由于天上蓝色的光太强烈了，导致我们看不到更远的地方。

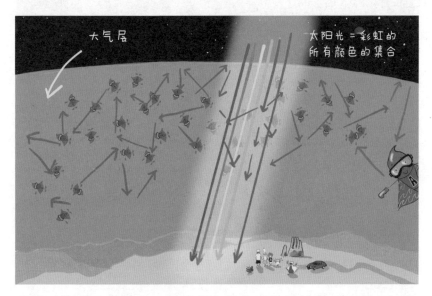

而当太阳落山的时候，就不会有蓝色光子被捕获，这时大气层就失去了颜色，我们也就可以看到星星了。但是相反，在宇宙中……"塞西莉亚停下喘了口气继续说，"在宇宙中没有大气层，当然也就不会有原子从四面八方围捕蓝色光子。因此，比天空还要高的地方永远都是黑暗的，在那里即使是白天也可以看到星星。"

大家面面相觑，没有人敢相信小·塞西居然是一本长着腿的百科全书。

"来来来。"我爸爸有点儿难为情，就这么问，"那你是从哪儿知道这些的？"

"我是在那儿看到的。"她回答，然后她跑去爬上了沙漠之手的小·拇指。我们在那里拍了第一张合影。

在一路跋山涉水之后，我们终于到了目的地：圣佩德罗-德阿塔卡玛。

"大家舒展舒展筋骨，准备准备晚上的活动。"爸爸下达了指令。

"对！都准备准备。"金毛儿氧学着我爸爸说话，"现在，大惊喜来了！"

"可别再提你的惊喜了！金毛儿氧，这两天你跟个鹦鹉一样一直念叨'我有个礼物要给你们'。既然你这么喜欢念叨，那你就去庙里当和尚念经得了。"

我超喜欢圣佩德罗，喜欢这里的空气、喜欢人们的热情好客，这里的一切都是那么的别具一格。尤其引起我注意的是一个站在望远镜旁边的家伙，他手里举着一个牌子，上面写着：以卢卡之名看月亮。根据我的观察，大家都把他叫作"尼尔"。

"我们也这么干。"我暗自琢磨，"我们也收钱，但是我们收的是看星星的钱而不是看月亮的钱。价格嘛……就比尼尔的便宜一点好了。还可以让氢一点儿在一旁悄悄提示我们，这样我们还能给顾客做讲解。"

我们把摊子摆在了正对着尼尔的地方，让凯妮塔和鲍伊坐在一把折叠椅上，旁边竖了块牌子。

我们的生意迎来了开门儿红。所有人都好奇地凑了过来，但是他们可不是来看星星的，而是来看带着墨镜的老奶奶和她怀里的宠物的。

过了一会儿，一个小孩儿朝我们走来，交给贝拉 500 比索，然后就开始透过望远镜看星星，一言不发。

"为什么星星会眨眼睛啊？"一阵沉默之后他问道。

译者注：根据某些研究者的观点，所有生物有共同的祖先。他们认为 45 亿年前诞生的一颗细胞就是这位祖先，并把它命名为"Luca"，即"卢卡"。

"什么？"我没懂他什么意思。

"你是聋子吗？我是问你为什么星星会眨眼睛。妈妈——我把钱给这个人了，但是他不知道为什么星星会眨眼睛！"他撒起泼来。

我连"眨"字怎么写都还不知道呢，更别提星星为什么眨眼睛了。

"喂，氢一点儿，我需要你的帮助。"

氢一点儿一点反应也没有，我看了看它才知道它居然打起了盹儿来。

"氢一点儿，嘿！醒醒！星星为什么要眨眼睛啊？"我绝望地晃动着那个瓶子。

"他不知道！他不知道！他不知道！妈妈！他们根本就不知道！"他一边耍泼一边用手指指着我们，"他们是一群骗子！"

"我们得抓紧时间想办法，不然这个小孩儿要把我们的客人都吓跑了。"贝拉一边说一边点燃了几支抗焦虑蜡烛。

"嘿，布鲁诺。"凯妮塔悄悄地叫我。"孩子，拿着我的手机，上面有一个很像地球的图标，点它，然后把你的问题输入进去，它就会告诉你答案了，是不是很神奇？"她一边说一边和一个韩国旅行团的人合了个影。

贝拉拿着手机飞快地敲击了一通键盘，找到了答案：

"星星之所以会眨眼睛是因为它们发出的光在到达观测者的眼睛之前要先穿过大气层，由于大气的运动，这些光发生了折射，就给人造成了星星在眨眼睛的错觉。"贝拉读这些话时的样子像电视里的新闻主持人一样。

"我没——听——懂！妈妈——"他扯着嗓子喊。

情况越来越复杂了。我们不知道该拿这个小恶魔怎么办。我试着送他一小袋爆米花，没用。就在我们的生意快要垮掉的时候塞西莉亚出现了，她把一个装满水的小桶放在了人群中间。

"大家看！"她说着把一枚硬币丢进了桶里。

所有人都不说话了，连这个从塔斯马尼亚来的小恶魔也闭上了嘴。

"观察一下水底的那个硬币，"她对这个小孩儿说，"有什么发现吗？"

"它在动。"这个小孩儿回答，他的情绪也已经平复了下来。

"没错！"塞西莉亚继续说，"这枚硬币可是稳稳当当地在水底沉着的，但是由于水在晃动，这就让我们觉得这枚硬币也在动。星星眨眼睛也是一样的啊，只不过动的不是水而是大气

注：在天文学观测中，描述大气层稳定程度的数据叫作"视宁度"。

125

层了，这就给我们造成了错觉，让我们以为星星在'一闪一闪地眨眼睛'。在刮大风的夜晚这个现象尤为明显，因为这时候空气运动得更剧烈，星星看起来就像在空中表演灯光秀一样。"

硬币由于水的作用
看起来像在运动

星星由于大气的运动像眨眼睛

"小·塞西是吃什么东西了吗？"我问。

这个撒泼的小·恶魔完全被塞西莉亚的讲解吸引了，他甚至还因为想合影又付了我们 800 比索，一张是和塞西莉亚的，一张是和被夜晚的寒气冻成蓝色的鲍伊的。

在这个小·插曲之后，我们动身前往酒店，路上我一直盯着我的妹妹看。这个气人鬼是吃进去了一本百科全书吗？我把这一天记作"圣佩德罗的塞西百科诞生日"。

第十章

大惊喜

第二天一大早，我们开着车上山了。我们的第一个目的地是查南托高原，这个地方远离人类文明而且海拔非常高，在那里我们可以看到盘子形状的望远镜。

金毛儿氧快要把我烦死了，它像个坏了的录音机一样一直在重复："我不能提前揭晓答案，这是个惊喜。"

大概开了有四十分钟吧，几个板着脸的警察把我们拦了下来。我爸爸吓坏了，赶紧检查车上的手续、证件有没有带齐，还把安全带紧了紧。

"先生，早上好。这里是阿塔卡玛大型毫米波天线阵的第一道关卡，为了授权您通关，我们需要对诸位的身体状况进行评估。不符合最低健康标准的人，很抱歉，需要在这里下车。"

我看向凯妮塔，为她捏了一把汗。她不明就里地向那几个警察笑了笑。太可怜了！我心想，我们不能把她丢在这里。

"乘客年龄？"其中一个警察问。

"九十九！"凯妮塔回答的时候使劲咳嗽了一声想让他们听成六十九。

"太太，您最好能和我们留下来，不要再朝天文台走了。再往上走空气非常稀薄，您可能会感到头晕呕吐。"一个警察非常友善地对她说。

"这些年轻人说的啥？"凯妮塔耳朵不灵没听清，问道。

"他们说你得留下和他们待在一起了，很遗憾……"我话还没说完凯妮塔就匆匆下车了。

"你看吧！"她说，"尽管我一大把年纪了，可我还是人见人爱花见花开的。你们继续去旅行吧，我很乐意和这些小青年儿一起度过这个上午。小伙子们，谢谢你们邀请我！"说着她就挽上了那个栗色头发的警察，"你们是不是要请我喝一杯呀？"

凯妮塔欣喜万分地和那些警察待在一起，我们则继续上山。贝拉一家人从车里看着我们，仿佛我们几个是"大义灭亲、六亲不认"的不孝子。

在路上，我明白了为什么凯妮塔继续跟我们上山会很危险。山路又陡又颠簸，到处都是石头块儿，就像在月球表面开车一样。我们一直往上开，最终到了海拔五千米的山上的一块平地。这里的景观太不可思议了！

"快看！多么壮观啊！"我爸爸说，"来自世界上好几个国家的天文学家在这里布置了六十多根天线来监测宇宙。"

我看向四周，这里全都是巨型的圆盘，连一棵植物、一片草地、一只动物都看不见（除了鲍伊）。虽然我们在沙漠里，但是你们可别妄想我们会遇到骆驼，因为就算是骆驼也会被冻死在这里的。我穿着一件T恤就信心满满地推开了车门，一下车，我差点被冻僵了。

我赶忙回车上取出了我的卫衣。这里的空气也特别干燥，我感觉我的鼻腔已经干得像肉脯一样了。鲍伊已经朝着天线那边走了，我试着跑去追它，可还没跑几步，我就感觉筋疲力尽的，就像跑了八场马拉松一样。

　　"这是因为空气含氧量很低。"我看到贝拉非常艰难地往前走着，表情就像是得了肠胃炎一样痛苦。没走几步，贝拉吃的早餐就全被吐了出来，在沙漠中形成了别具一格的景观……好恶心！

　　"我需要休息！"我妈妈大喊，她的头发被风吹得已经不成形了，"怎么没人提前跟我说？这趟旅行明明是给肌肉男准备的啊！"

在智利，科学家通过阿塔卡玛大型毫米波天线阵研究宇宙

"欢迎来到阿塔卡玛大型毫米波天线阵！"突然一个留着长胡子的家伙冒了出来，给我们打了招呼，他是我们的导游，"不用担心，刚开始不适应这么高的海拔和含氧量很低的空气是很正常的，一会儿你们就适应了。如果你们有谁需要氧气，我们可以提……"

"我！"我妈妈用尽自己最后一口气喊了出来，像一条恶犬一样扑向这位导游，拿到了他为那些不适应高原气候的人准备的氧气罐。

等我妈妈稍微缓过来了一些，我们的导游给我们普及了射电天文学的知识，还给我们讲了很多关于这些奇怪的望远镜的故事，还有发生在这里的奇闻轶事。

"我们的参观结束了。大家还有什么问题吗？"他临走前问我们。

"我！"我把手举得老高，"我有个问题！与其说是个问题不如说是个疑惑。你说射电天文学是一门把无线电波当望远镜来研究宇宙的科学。但是，为什么有的天文学家是在用望远镜看宇宙，而像你一样的天文学家却在听宇宙？"

"经常有人问我这个问题。"他一边扬起了笑脸一边说，"人们有一个误解，大家错误地以为射电天文学是通过监听宇宙的信号来获取外太空的信息的。射电天文学的'电'字是无线电波的意思，因此给人们造成了误导，让大家以为我们就是通过听宇宙的声音来研究宇宙的，其实这和我们的工作一点儿关系都没有。事实是：射电天文学家是通过眼睛来分析收集到的数据的，而不是耳朵。这些大天线是被设计用来收集无线电波的，而无线电波其实是光而不是声音。正是通过对这些不可见光的研究，我们才能了解宇宙中那些冰冷的事物，比如行星和卫星诞生的地方。"

"啊，原来是这样啊。我本来还想着戴上耳机能听得更清楚点儿呢。"

我们的参观到这里也就结束了，现在我们该回去找凯妮塔了。

"布鲁诺，你去找找她跑哪儿去了。"

塞西莉亚、鲍伊和我，我们三个一起去了。我们走进办公室，那里连只苍蝇都没有，空空如也。我们觉得这里肯定发生什么事了，因为它看起来就像个废弃的地方。突然，我们听到从别的房间里传来了笑声。入口处的大门上写着"休息厅"。

我们把头探了进去，看到一把扶手椅上坐了个老太太，手里端着一大块儿蛋糕，身边围了一群人。我们简直不敢相信自己的眼睛。并不是凯妮塔在学习天文学知识，而是那些天文学家在听凯妮塔讲故事！

"凯妮塔！我们已经回来了，他们在车里等我们呢，咱们得去下一站了。"我对她说。

"你们这群年轻人真是太惹人喜欢了！"她一边和他们说着一边作势要道别了，"和你们在一起的时光很美妙。但是很抱歉，我得失陪了，不打扰你们工作了。我必须得走了，不然的话他们会把我拖回去的。嘻嘻嘻，帅哥儿们，有空我再来看你们哦！"

我们上了车，驶向我们最后一个目的地：帕瑞纳天文台。

"太棒了！我们正在向着大惊喜前进！"金毛儿氧又开始念叨了，把瓶子里的鱼都烦得用鳍捂住了眼睛。

"金毛儿氧，我再也不会相信你的话了。你连帕瑞纳都没去过，你能知道点什么？你一路上神神秘秘的，我简直要被你烦死了！我要去贝拉的车上。"我很不耐烦地回答它，"你给我们提供点你的惊天大秘密的线索就那么难吗？"

我去问了问我爸爸妈妈，看看我能不能换车，他们同意了。我爸爸向贝拉的爸爸打了个手势示意他停下来。

"贝拉，你是有化装舞会要参加吗？"我上到她的车上，问她，因为她头上戴了个缀着花的发带，穿着白色的大褂，脖子上还戴了一串浅蓝色的宝石项链。

"布鲁诺，不是化装舞会。这是我参观天文台的行头。纯棉的长裙、月光石项链还有圣佩德罗花冠。"

贝拉总是很耐心地回答别人的问题，从来不会不耐烦，因为没有什么能惹她生气。

我们到帕瑞纳的时候发现所有天文学家都聚集在一起等待着黄昏的到来，我们也凑了过去。太阳在地平线上渐渐消失，天空被染成了我几乎都没见过的颜色。

"太阳躲到大海后面的场景真是太壮观了！"凯妮塔说。

我认真地观察了一会，发现太阳确实是躲到海后面了，但那不是海洋，而是云海！现在我终于知道为什么世界上最大的望远镜建在智利了，因为这个地方在云的上面！

这时候，一个五大三粗、身高得有两米的人走到我爸爸旁边，在他背上来了一巴掌，我爸爸差点儿被拍趴下。我马上警觉起来，以备需要的时候把这个大猩猩打得满地找牙！谁知道他居然是我爸爸的朋友，他是个天文学家，是来欢迎我们的。

云……海！

　　"嘿！卡尔，好久不见啊！"我爸爸和他打了个招呼。"我把我家人也带来了，他们几个可是未来的科学家哦！"我爸爸一边说一边指了指塞西莉亚、贝拉还有我，"大家快来，这位是卡尔，我的朋友，天文迷。这家伙高得像栋大楼，哈哈哈哈。"

　　"哈喽，孩子们。泥们好吗？西欢这个地方吗？"卡尔带着很奇怪的口音问我们，"泥们乡看看汪远镜吗？"

　　"想！"我们齐声回答。

　　"不好意斯，窝说话乡印第安苏族人，窝的西班牙语补好，吼吼吼。"

译者注：在这一章中作者为了模仿以英语为母语的人说西班牙语时发音不准、成分残缺以及动词变位的不准确，故意犯了很多拼写和语法错误。

136

确实，卡尔的西班牙语说得真的太恐怖了，但是我们完全能明白他的意思。我们跟着他走进了一栋造型像外星飞船的建筑。这个建筑是方形的，它是人们在帕瑞纳为这些望远镜建的家。想观测天空的时候只要打开天花板就行了。

那天我们看到的东西一直到现在我还记忆犹新。那里有一个巨人般的望远镜，比我的望远镜要大得多了。卡尔和我爸爸一直在叙旧，回忆他们以前一起去环球旅行，而且还时不时解释一些专业数据，只不过他说的是英语。对我来说，英语和汉语、马普切语一样，都让人很头疼。

注：马普切语，是一种通行于智利中南部及阿根廷西南部原住民中的语言。

"我能第一个进去看望远镜吗？"我带着渴望的眼神打断了他们，"我超级超级想用这台大怪物看看参宿七和参宿四的颜色。"

"吼吼吼，"卡尔笑了笑，"Sorry，布鹿诺，让你失望了。这里的天文学家不把眼睛放在汪远镜，是把照相机放在汪远镜上。"

"噗——太没劲了。为什么呀？"

"窝来街释。汪远镜像眼睛，但是大 very 的多。布鹿诺眼睛不能开很长师间，这师问题，because 不能接收很多光。照相机可以睁眼很唱时间，所以耕多光进去，天文学家在大楼有耕多信息来研究，吼吼吼。"

卡尔真的太搞笑了，尽管他发音很不标准、说话时表情很奇怪，但是，他讲解得确实很清楚。

"光呆来信息重要给天文学家。"他继续说，"像生物学，他可以去做实验在实验室。生物学家有细菌样本研究在先微镜下。天文学家没有在地球实验室，也不能去星星研究，太远，时间太唱！到之前死了，吼吼吼。所以，光 very very 重要，它藏了宇宙秘密许多。So，天文学家做大的汪远镜不只为照片好看拍的，还学痕多东西，想星星温度、团、数量、距离、年纪、苏度，甚至是什么做的它们。Very 多的好东西！"

我们大家都笑了。

"跟窝来。"他说，"窝带你们看怎么天文学家工作。"

我们离开那台望远镜，走了没几米就进入了控制大厅。我感觉就像在飞机驾驶室里一样。摆满了电脑、屏幕、开关、按钮，还有很多天文学家在核实数据、分析图像、讨论特别奇怪的图标。卡尔坐在了一块儿巨大屏幕前，他的手指开始飞快地敲击，输入了一种在我看来根本就不是来自地球的语言。

"窝把汪远镜对准遥远星系。首先，拍一张端时间照片，然后，拍一张唱时间照片。You, look look，快看，比一比。"

照相机曝光五秒钟　　　照相机曝光五分钟

"看到了？左边照片布鹿诺眼睛一样。右边照片里，照相机曝光时间唱，汪远镜吃掉耕多光子，可以看遥远星系更好。"

现在我们确实明白了为什么现代的天文学家不把眼睛凑到望远镜上看而是使用特制的摄像机。他们是为了看到更远、光线更微弱的物体。

"Very very 有趣的是，看玉宙里远的东西就像看以前的时间。你明白了？你的脸是‘窝什么都没停懂’，吼吼吼，窝解释。天文学家是宇宙的考古学家。考古学家在地上挖坑找到化石。然后挖更深坑找到更老化石，这样重现历史。天文学家一样！窝们用汪远镜挖宇宙，找更远光的物体，它们告苏窝们宇宙在时间最初怎么样！永远记住，光是宇宙信使。"

听了这个考古学家的故事，所有人都瞠目结舌。

"You 确定懂了？"卡尔又问了一遍。

"懂了！"

"那么，窝做比赛看你懂不懂，正确答案得到 NASA 的帽子。"

"我要参加！我要参加！"大人们和小孩儿一起喊，大家都想拿到这个奖品。

"OK, listen！听！"他说的时候我们所有人都全神贯注地看着他，"大角星是一颗距离地球 35 光年星球名字。想象它有一颗卫星，在这颗星星上住一个绿色很丑很丑外星人，吼吼吼。

他今天是嗯……怎么说我们唱 Happy birthday to you 的那一天？嗯……生日！对！他今天是生日。OK，问题是：如果外星人今天庆祝生日第 35 岁，我们用汪远镜看这颗星球有什么？"

三分钟过去了，没有人回答。我爸爸和贝拉的爸爸在一张纸上做各种计算，两位妈妈在上网查，贝拉在用宝石计数，小·塞西盯着卡尔的电脑屏幕看，而凯妮塔已经瘫在一把扶手椅上睡着了。这个帽子已经是我的囊中之物了！氢一点儿给我讲过怎么计算宇宙中的距离，而且我都记住了。我开始思考，还想起了贝拉的墨西哥朋友艾伦从自行车上摔了个狗啃泥的故事。如果星星距离我们 35 光年，就意味着它的光要经过 35 年才能到达这里，也就是说，我们在地球上看到的不是它现在的样子而是 35 年前的。那么，35 年前这个外星人是……

"刚刚……"我有点儿胆怯，"刚刚出生？"

"什么？"卡尔问，"布鹿诺，大一点声音。"

"我们看到的应该是一个刚出生的外星人。"我这次回答得很坚定。

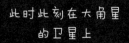

此时此刻在大角星
的卫星上

此时此刻布鲁诺看
到的35年前的画面

"哦！Right！答案争确！布——鹿——诺是冠军！My friend，and you……"卡尔一边把奖品戴在我的头上，一边高兴地唱了起来。

所有人都在为我鼓掌，我感觉自己幸福死了！我对我的奖品很满意，而且，我也很喜欢我学到的一切。我们和卡尔聊了三个小时，尽管我什么都没记住。

但是我还是非常认真地听了他的故事。我正在心疼天文学家们一整晚都要工作，一扭头发现贝拉根本没有在听，她在给塞西莉亚编小辫子，而鲍伊已经在墙角一个垃圾桶的后面打起了盹儿。这时候，金毛儿氧终于说出了它的秘密：

"现在是揭晓答案的时刻了。跟我来，但是得闭上眼睛。"

我们离开控制大厅，一路上大家排好了队防止摔倒。过了一会儿，我们听到了望远镜移动的声音，还能感觉到脸上吹着的冰冷的风。

"好了！"金毛儿氧说，"现在你们可以睁开眼睛了。"

我们同时睁开了眼睛，却什么都没看到。这里漆黑一片而且寒冷刺骨。

"你吊了我们这么久的胃口，就为了给我们看这个？"我非常生气地说，"看看北方的夜晚天有多黑？我本来正在开开心心地听卡尔讲故事，你却来打断了，那可是我生命中最快乐的几分钟了！就为了看这个？算了吧，我还是回到控制大……"

"别走！"金毛儿氧非常激动地喊了出来，"不要走。睁大眼睛，按斯蒂芬·霍金的话做：记得仰望星空，而不是只看着脚下！"

鸣谢

感谢所有在这个原子项目中支持和帮助过我们的：

伊莎贝尔·梅里诺
马格达莱纳·泽格斯
玛丽亚·奥古斯塔·斯卡格里奥蒂
弗朗西斯卡·伊比埃塔
马格达莱纳·布里多
安吉利斯·卡斯蒂略
托马斯·邦斯特
塞尔吉奥·科杜
弗朗西斯卡·萨拉斯
瓦伦蒂娜·卡兹
玛丽亚·何塞·维加拉
玛丽亚·尤金妮娅·拉莫斯